NEW WAYS IN PSYCHOANALYSIS

精神分析的新方法

〔美〕卡伦·霍妮⊙著

缪文荣⊙译

台海出版社

图书在版编目(CIP)数据

精神分析的新方法 / (美) 卡伦·霍妮著; 缪文荣
译 . —— 北京: 台海出版社, 2018.8
ISBN 978-7-5168-1991-3

Ⅰ.①精… Ⅱ.①卡… ②缪… Ⅲ.①精神分析
Ⅳ.① B84-065

中国版本图书馆CIP数据核字(2018)第154580号

精神分析的新方法

著　　者：〔美〕卡伦·霍妮		译　　者：缪文荣
责任编辑：姚红梅　员晓博		装帧设计：同人阁文化传媒·书装设计
版式设计：同人阁文化传媒·书装设计		责任印制：蔡　旭

出版发行：台海出版社

地　　址：北京市东城区景山东街 20 号　　　邮政编码：100009

电　　话：010 — 64041652（发行、邮购）

传　　真：010 — 84045799（总编室）

网　　址：www.taimeng.org.cn/thcbs/default.htm

E-mail：thcbs@126.com

经　　销：全国各地新华书店

印　　刷：香河利华文化发展有限公司

本书如有破损、缺页、装订错误，请与本社联系调换

开　　本：880mm×1230mm		1/32	
字　　数：125 千字		印　　张：7.75	
版　　次：2019年1月第1版		印　　次：2019年1月第1次印刷	
书　　号：ISBN 978-7-5168-1991-3			
定　　价：39.80 元			

译 者 序

卡伦·霍妮（Karen Danielsen Horney，1885—1952），德裔美籍心理学家和精神病学家，20世纪精神分析社会心理学派代表人物，著作等身。霍妮出生于德国，在柏林大学获得医学博士学位，之后任教于柏林精神分析研究所。在此期间，她因读到弗洛伊德的女性心理学概念而对弗洛伊德的正统精神分析理论产生疑问，进而开始对弗氏理论进行批判性思考。其后，弗洛伊德关于死亡本能的假定进一步加深了她对于弗氏理论的疑虑。1932年，霍妮接受弗朗兹·亚历山大（Franz Alexander）的邀请，担任芝加哥精神分析研究所副所长。移居美国的经历对于霍妮以及她的理论发展而言，具有里程碑式的意义，正如霍妮自己写道：

"……我更清楚地认识到，社会因素的意义远不只局限于女性心理研究。我于1932年来到美国后，这种感受便得到了证实。我那时看到，这儿的人们在气质和神经症诸方面都不同于我在欧洲国家中所观察到的，而只有文明的差异才能解释这些区别。……这儿强调的一个论点是，神经症是由文化因素引起的，这就确切说明了，神经症产生于人际关系的紊乱失调。"

弗洛伊德认为人格由"自我""本我""超我"三部分构成，人格动力学即为这三者之间的相互作用，所谓的精神疾病的产生也就是由于这三种力量的失衡而导致的。弗氏精神分析理论一直受到精神分析学派后辈们对于其人格理论和分析理论的挑战和批判，诸如荣格的分析心理学派、阿德勒的个体心理学派、阿尔伯特的理性情感行为疗法、罗杰斯的人本主义心理治疗。然而，霍妮却尤为一针见血地并且颇具体系地，不仅揭示、批判了弗洛伊德的"生物决定论""机械进化论"的悲观宿命论倾向，更是根基扎实地构建起与之完全对立的"文化决定论"理论体系，从而为精神分析开辟了崭新的领域。

弗洛伊德对于人性抱有悲观的看法，他认为人类生来就具有破坏性、攻击性且贪得无厌，然而霍妮却以建构主义的观点对此进行批判——这些所谓的与生俱来的特征只是对环境中的不确定性和不利因素的神经症反应罢了。同时，霍妮还对人性抱有着一种乐观积极的态度，她始终坚持认为我们每一个人都在努力地探索、挖掘和发挥着自己珍贵的潜能。在霍妮看来，她与弗洛伊德之间的分歧绝对不仅仅是"乐观"与"悲观"之间的差别，而是他们本就带着不一样的目的、朝着不一样的方向出发；因此他们踏上了大相径庭的道路，也就描绘出了截然不同的图景。

那些无情而肆意地吞噬掉我们的平静与真诚的焦虑，在弗洛伊德看来是暗黑色系的，是源自于"孩提时追求那些被禁止的本能驱力（诸如毁灭、攻击），而害怕外部世界会用阉割来作为触犯禁忌的惩罚"。然而，霍妮对此提出了更为宽泛的"基本焦虑"概念——她悲悯而柔情地指出了环境作为一个强有力的整体，是多么的不可靠、不公平、不懂欣赏、吝啬且残忍。孩子们不仅会因为自己内心产生了禁忌的驱力而害怕受到惩罚或者遭到遗弃，还会感到喜怒无常的环境会对他进行恐吓，抹杀他的个性、剥夺他的自由、拦阻他的幸福。此外，另一个基本焦虑更是霍妮在努力地共情我们同为人类、同为孩子时的无助与软弱——作为孩子时的我们，并没有足够的力量来面对侵犯与攻击，于是在生理上和思想上都依附于家庭，依附于更加强大的人，压抑住自己内心的主张甚至是敌意。同时，正如霍妮所说，尽管弗洛伊德把焦虑视为"神经症的核心问题"，他还是没有能意识到应该把焦虑无处不在的作用看作是追求某种目标的动力。一如既往的，霍妮对于此则乐观积极且有行动力得多，她认为我们在认清焦虑的角色之后，能够更好地对待挫折，我们接受起挫折来远比弗洛伊德想的要容易。

在本书中的其他章节中，还有许多具体的例证来说明弗洛伊德的局限，他对于环境与文化在我们性格形成或者神经症产生过程中的影响的忽视，他对于本能、生物学因素的过分看重，他的泛性论的悖谬之处，等等。而霍妮不仅仅是在道德因素、文化因素上有深入的研究，更是以一种建构主义观点来取代弗洛伊德的发生学观点。

然而，霍妮更是向我们娓娓道来——凡是我们仰仗的，终究会成为我们的局限——她用弗洛伊德的理论长达十五年之久，这帮助她对弗氏理论所基于的理论前提有着深入的理解。同时，她对这套理论所怀有的并不是冰冷的"弑父情结"，而是越对理论进行批判性态度，越意识到弗洛伊德基本原理的建设性价值。霍妮所做的，也正如她所说，是力图使精神分析发挥出它最大的潜能。

缪文荣

2017年12月于北京

前　言

　　鉴于目前不尽如人意的心理治疗效果，我希望能从批判的角度对精神分析理论进行重新评估。我发现，几乎所有的患者都会提出一些现今精神分析知识无法解决的问题，而这些问题因此被搁置下去。

　　和大多数分析专家一样，起初我也将这些结果的不确定性归结于自身经验的缺乏、理解的不足或存在专业盲点。我记得曾向经验更加丰富的同事请教一些问题，诸如弗洛伊德或他们如何理解"自我"，为何施虐冲动与"肛欲期"相互关联，以及为何许多不同的倾向被视为潜在同性恋的表现——然而却没有得到令人满意的答案。

　　当我读到弗洛伊德关于女性心理学的概念时，我第一次自发地对精神分析理论的有效性产生了怀疑；后来，这些怀疑又因为他对死亡本能的假设而进一步加强。然而，若干年以后，我才开始从批判性视角对精神分析理论进行思考。

　　正如读者将在整部书中所见，弗洛伊德逐步发展起来的理论体系非常连贯而完善，可以说，一旦你牢固地确立了对这些理论的信仰，你的一言一行就很难逃脱这种思维方式的禁锢。只有意识到这套体系的先决条件仍是存在争议的，我们才能更加清晰地认识各个理论中错误的根源。坦白地说，我认为自己有资格在本书中对弗洛伊德的理论做出批评，因为我坚持贯彻他的理论已十五年有余。

且不说非专业人员，就连许多精神科医生都对正统精神分析学派有所抵制；这不单单是感性原因所致，还因为许多理论的合理性尚待商榷。这些批评者经常全面驳斥精神分析，这着实令人遗憾，因为这种做法一味地摒弃了理论的可取之处和待论证疑点，从而阻碍了从本质上认识精神分析法。我发现，我越是批判地看待一系列精神分析理论，就越能够认识到弗洛伊德基本理论的建设性价值，也就为理解心理问题开辟了更多的途径。

因此，这本书的目的不是为了说明精神分析存在怎样的错误，而是通过消除有争议的因素，使精神分析发挥其最大的潜能。鉴于理论思考和实践经验，我认为如果我们能摆脱历史上已确定的理论前提，并抛弃在此基础上产生的理论，那么，我们可理解的问题范围就能够得到极大的扩展。

简而言之，我的看法是精神分析应该摆脱由其作为本能论和遗传心理学的性质所带来的局限。至于后者，弗洛伊德倾向于认为，人在后期表现出来的特征基本上就是儿童时期愿望或反应的直接重复；因此，他表示，如果我们阐述清楚这些潜在的童年经历，后期的困扰就会消失。而当我们放弃片面强调早期原因时，我们就会认识到，后期特征与早期经历之间的联系比弗洛伊德设想的要复杂得多：不存在对于孤立经历的孤立重复现象。但是，所有的童年经历结合在一起，会形成一种特定的性格结构，而正是这种结构导致了后期的障碍。因此，对实际性格结构的分析成为人们关注的焦点。

至于精神分析的本能论定位：当性格倾向不再被解释为本能驱力的最终结果，而仅仅因环境而改变，那么整个重点就落在了塑造性格的生活条件上。我们必须重新寻找造成神经症的环境因素，因此，人际关系的冲突就成为神经症成因中的关键因素。此后，一种盛行的社会学倾向便取代了之前盛行的解剖生理学倾向。对于隐含在力比多理论中的快乐原则，如果我们摒弃对它的片面考虑，那么人们就会变得更加重视安全，焦虑对于寻求安全的作用也会上升到新的高度。因此，神经症发生的相关因素既不是俄狄浦斯情结，也不是任何一种儿童对于快乐的追求，而是所有使孩子感到绝望和无助的不良影响，这些影响使得他们将世界看作潜在的威胁。由于对这种潜在危险感到恐惧，孩子们必须培养某种"神经症倾向"，使自身通过一些安全措施来适应世界。从这个角度来看，自恋、受虐和完美主义倾向并不是本能的衍生物，但却从根本上代表了在充满未知危险的荒野中寻找道路的个体尝试。所以，神经症的显性焦虑，不是"自我"对于被本能驱动压垮或对于被假想的"超我"惩罚的恐惧表达，而是特定的安全设备操作故障的结果。

这些观点的基本变化对个体精神分析概念产生的影响将在后续的章节中继续讨论。在此可做大概的介绍：

尽管性问题有时被当作神经症的主要症状，但它们已不再被认为是神经症的动力中心，性交困难是神经症性格结构的结果而非原因。

　　另一方面，道德问题越来越重要。从表面上来看，那些患者所纠结抗争的道德问题（"超我"、神经症内疚感）似乎是一条死胡同，它们表现出的伪道德问题，必须加以揭露。不过，我们也有必要帮助患者正视每一种神经症所涉及的真正的道德问题，并明确对待它们的立场。

　　最后，如果"自我"不再被视为一个仅仅执行和检查本能冲动的工具，那么，人的一些官能，诸如意志力、判断力和决断力等将可以恢复自己的尊严。而弗洛伊德所描述的"自我"似乎不是一种普遍现象，而是一种神经症患者才有的现象。那么，个体自发的自我扭曲便是神经症产生和发展的关键因素。

　　因此，神经症代表了一种特殊的在困境中对于生活的抗争。其本质包括与自我和他人有关的困扰，以及由此产生的冲突。它的重点转移到了被认为与神经症相关的因素上，这在很大程度上加重了精神分析治疗的任务。所以，治疗的目的不是帮助患者控制其本能，而是将焦虑减轻到他可以摆脱"神经症倾向"的程度。此外，还有一个全新的治疗目标，即让患者恢复自我，帮助他重新获得自发性，并找到自身的精神重心。

　　据说，作家可以通过写书而使自身受益匪浅。我知道自己在撰写这本书时收获颇丰，规划思路的必要性助我理清了所要阐述的想法。但其他人能否有所收获，目前还尚未可知。我料想会有许多精神分析学家和精神科医生跟我一样，都曾质疑过很多理论论点的正确性。我不指望他们能够完全接受我的观点，因为它们并不是完整的或最终的结论，也不能代表全新的精神分析"学派"的开端。然而，我希望能够充分地、清晰地将其一一来阐释，让读者来检验它们的正确性。我同样希望能够帮助那些有意将精神分析应用于教育、社会工作和人类学的人，为他们阐明所面临的问题。最后，对于那些拒绝将精神分析看作惊人但未经证实的假设的精神科专家和非专业人员，我希望他们能通过这次讨论确立精神分析作为一门因果关系科学的观点，将它视作理解自身和他人的、具有独特价值的建设性工具。

在我对精神分析的正确性依稀感到疑惑的时候，我的两位同事，哈勒德·舒尔茨-亨克和威廉·赖希给了我很大的支持和鼓励。舒尔茨-亨克对童年记忆的治疗作用提出了质疑，并强调首先分析实际冲突情况的必要性。尽管赖希当时正潜心研究力比多理论，但他指出，必须首先分析神经症患者建立起来的防御性性格倾向。

其他人也对我批判态度的形成产生了一定的影响。马克斯·霍克海默帮助我清楚地理解了某些哲学概念的含义，使我认识到弗洛伊德思想的心理前提。这个国家从不信奉教条主义，这使我不必一味盲从精神分析理论，并让我有勇气沿着我认为的正确道路继续前行。此外，我对一些与欧洲不同的文化有所了解，这使我认识到许多神经症的冲突最终是由文化条件决定的。艾瑞克·弗洛姆的作品扩展了我在这方面的知识，在一系列的论文和讲座中，艾瑞克·弗洛姆批评了弗洛伊德作品中文化取向的缺失，他也为我提供了有关个体心理诸多问题的崭新视角，如迷失自我在神经症发生中的核心作用。遗憾的是，在我撰写这本书期间，艾瑞克·弗洛姆对于社会因素在心理学中的角色定位，尚未发表系统的阐述，因此，我无法引用他的诸多论证。

　　借此机会我还要向伊丽莎白·托德女士表示感谢，她对本书进行了编辑，所提出的建设性批评和关于如何清晰有效地组织材料的建议对我有很大的帮助。我也要感谢我的秘书玛丽·利维夫人，她不知疲倦的努力和出色的理解力是非常宝贵的。同时，我也非常感激爱丽丝·舒尔茨女士，她在对英语的理解上对我帮助良多。

目　　录

第一章　精神分析的基本原理

对于弗洛伊德心理学的基本理论是如何构成的，学者们各持己见。它是将心理学归为自然科学的尝试？它是将我们的感受和冲动归结于"本能"的企图？它是对饱受道德争议的性本能概念的延伸？它是对俄狄浦斯情结的普遍重要性的信仰？它是将性格分为"本我""自我"和"超我"的设想？它是关于童年时期形成的重复模式的概念？它是对于通过再现童年经历来提高治疗效果的期待？

毫无疑问，以上所述都是弗洛伊德心理学的重要组成部分。但是这也取决于每个人的价值判断，即我们是将这些观点归为整个系统的核心，还是仅仅视其为次要理论的论述。正如后面即将阐述的，所有这些理论都将接受批评论证，它们更应当被视作精神分析所肩负的历史重任，而绝非其理论核心。

我大胆地预测：弗洛伊德究竟给心理学和精神病学创造了哪些建设性的成果和不朽的价值？笼而统之：若不以弗洛伊德学说中的这些理论作为观测和思考的指导，那么，人们在心理学和精神疗法领域就根本无法取得任何重要的进展；抛弃这些理论，任何新的研究成果都会贬值。

阐明这些基本概念的难点之一在于它们总是与某些有争议的学说划分不清，为了明确这些概念的精髓，必须将其从某些理论研究中分离开来。因此，当下流行的方式就是有目的地对这些基本理论的概念进行论述。

我认为弗洛伊德研究中最根本的也是最重要的一系列理论成果是：精神的发展过程是受到严格制约的，人们的行为和感受是由潜意识里的动机决定的，这些动机即我们的情感力量。由于这些理论相互关联，学者们可以从其中任意一个开始研究。但是，严格意义上，我个人还是认为潜意识动机应该排在第一位。这些理论，包括它在内，都普遍为人们所接受，但是它们并没有被人们理解透彻。有些人缺乏探索自身态度和目标的经验，也没有意识到它们所蕴含的力量，对于他们来说，想要真正理解这个概念是很难的。

精神分析法的评论者认为，实际上，我们从未真正地发掘病人的潜意识；病人能够觉察潜意识的存在，只是从未意识到它对于生命的重要性。我们将举一个潜意识是如何被发现的例子来进行阐述。以分析层面上的观察为基础：患者被告知他似乎在强迫自己不能犯一点儿错，必须永远做到完美，还要比身边的人都更聪明，但是理性的怀疑遮掩了这一切。当病人意识到以上所述都真实地发生在他身上时，他才回想起来：当他阅读侦探小说时，那些顶级侦探滴水不漏的观察和推断会让他感到万分兴奋；在高中时，他曾胸怀大志；他从不擅长与人理论，总是被他人的观点左右，但他会花很长时间来反复思量他当时本应说出口的话；有一次，他把作息时间看错了，之后便极度懊恼；他总是不敢谈论或书写任何存在疑点的事情，从而没有多少值得一提的建树；他对任何形式的批评都很敏感，他经常怀疑自己的智力；在看魔术表演时，如果他不能马上理解其中的招数，他就会感到筋疲力尽。

这位病人意识到的是什么？没意识到的又是什么？他偶尔会意识到"做到完美"对他的吸引力，但却丝毫没有意识到这种态度会给他的生活带来什么影响，他只把它看作一种无足轻重的特质。他不仅没有意识到自己的言行和自立的规矩与这种态度或多或少是有关联的，也没有意识到为什么他一定要永远做到完美，这就意味着病人终究没有意识到潜意识的重要性。

反对潜意识动机这一概念的学者往往太形式主义。对于态度的认知不仅包括意识到它的存在，还包括意识到其强大的力量及影响，以及意识到它所带来的结果和所具备的功能。尽管有时这种认知可能会达到有意识的状态，但是如果没有意识到以上所述的内容，那么这种认知还只是潜意识的。另一些反对的声音更进一步认为，我们从未发现过真正的潜意识，这从诸多与事实相左的案例中可以看出。比如说，一个病人会有意识地、无差别地喜欢他所遇到的每一个人。我们认为，他并不见得真的喜欢那些人，他只是觉得这是他的义务，这个观点也许击中了问题的要害。他总是模模糊糊地意识到这一点，但是又不敢承认。我们甚至指出，其实他对别人是轻视多于好感，但这一全新的揭示也没能对他产生多大的影响。他知道他偶尔会看轻别人，但却没有意识到这种感觉的深度和广度。但是我们进一步指出，他的这种轻视来自于鄙视他人的倾向，这一完全陌生的观点也许会让他恍然大悟。

弗洛伊德理论的重要性并不在于其指出了潜意识过程的存在，而在于它的两个特殊的方面。第一就是把潜意识从意识里剥离出去，或者说不承认他们是意识的一部分，但并不否定它的存在和影响。举例来说，有时我们会无缘无故地感到不高兴或沮丧，我们会在不明动机的情况下做出很重要的决定，我们的兴趣爱好、我们的信仰、我们的感情寄托可能是由未知的因素决定的。另一方面，抛开纯粹的理论内涵来说，指的是因为我们并不愿意去认知，所以潜意识还是潜意识。综上所述，后者是从实践层面和理论层面理解精神现象的关键。这意味着，如果要揭示潜意识动机，我们就不得不进行一番挣扎，因为这会威胁到我们的一些利益；简单地说，这指的就是"阻抗"，这一概念对心理治疗而言具有很重要的价值。至于那些阻止冲动进入意识的利益，对于它们的本质，学者们持不同的观点，但这相对来说并不重要。

弗洛伊德在认识到潜意识过程及其影响之后，提出了另一个最具建设性的基本理论：一个有效的假设——心理过程同生理过程一样，是受到严格决定的。这个理论解决了一些迄今为止都被认为是偶然发生的、无法解释的，或是神秘莫测的精神现象，比如梦境、幻想、日常生活中所犯的错误。该理论也鼓励学者们对那些一直以来归因于生理刺激的精神现象进行心理上的理解和探索，比如：噩梦的精神基础、手淫带来的精神影响、癔症的精神决定论、功能性疾病的精神决定因素以及工作疲劳的精神决定因素。一直以来，我们认为很多现象都是由外界因素导致的，因此它们也没有引起心理学家的兴趣，但现在我们有了一种建设性的方法来重新审视它们。比如，引起偶然事件的精神因素、特定习惯的形成与保持背后的心理动力机制、从精神角度重新理解那些曾归咎于命运、不断重复的人生经历。

弗洛伊德的思想对于这些问题的意义并不在于提供了解决的方法——比如，对于重复性强迫症来说，这绝不是一个好的解决方法；其真正意义在于，它帮助了心理学家更好地去理解这些问题。实际上，"人的精神过程是被决定的"这一理论是一个极其重要的前提条件，需要我们理解透彻，否则我们的分析工作将举步维艰，无法对病人的反应做出分析。我们甚至能通过他的思想来发现我们理解病情时存在的漏洞，并由此提出问题，使我们得出更好、更完整的理解。例如，我们观察到某些病人，他们自认为在人世间举足轻重，但是周遭的人们并不认同，由此他们便对世界产生强烈的敌意，从而发展出不切实际的空虚感。我们注意到病人的空虚感通常是在他们做出带有敌意的行为时产生的，因此做出推测性的假设，即这种空虚感代表着对幻想的沉迷和对无法忍受的现实世界的绝对贬低。然而，当我们谨记"人的精神过程是被决定的"这一前提时，我们能够更清楚地认识到，我们对病情的分析一定缺少了某个特殊的因素或者某些因素的集合，因为我们看到其他一些病人也有类似的症状，但他们并没有发展出空虚感。

量化评估也是同样的道理。例如，我们不经意地透露出一点不耐烦，便会引起病人极为显著的焦虑，原因与结果在程度上的不成比例让研究者们心生疑窦：一丝轻微的不耐烦就会引发病人如此强烈的焦虑，也许是因为病人无法从根本上确定我们对待他们的态度；那么，是什么导致了这种不确定性的程度？为什么我们的态度对他来说至关重要？他是否感觉对我们有着完全的依赖，如果是，为什么呢？他是否跟所有人相处时都会产生同样的不安全感？抑或是有一些特殊的因素，导致这只出现在他与我们的关系中？总的来说，"心理过程受到严格的决定"这一有效假设给了我们明确的指导，并激励我们更深入地研究心理上的关联。

第三个精神分析的基本原理在前面两个部分中也提到过，我们称之为人格动力学。更准确的阐述为：一般而言，我们态度和行为背后的动机来源于情感的力量，具体来说，为了理解人们的性格差异，我们必须认识到引起矛盾性格的情绪动机是什么。

对于一般性的假设，我们没必要论述它的建设性价值以及它在应对理性动机、条件反射和习惯形成等心理学问题上的优越性。弗洛伊德认为，这些心理驱动在本质上是人的本能：性本能或毁灭本能。但是，如果摒弃这些理论性的研究，用"力比多"来替代情感上的动力、冲动、需求或者激情，我们就会找到这种假设的核心，并能通过对性格的理解来实现它的价值。

更为具体的假设强调内心冲突的重要性，这是研究神经症的关键，其中有争议的部分是关于内心冲突本质的问题。弗洛伊德认为这种冲突介于"本能"和"自我"之间，他把由自己提出的本能理论和冲突概念纠缠在一起，这引起了众人猛烈的批评，我自己也把弗洛伊德的本能论倾向看作是精神分析法发展的障碍之一。然而，一番争论之后，争论的焦点却从该理论的核心部分——冲突理论，转移到了尚存争议的本能理论。关于冲突，为什么我会赋予它本质上的重要性，在此，我不便做长篇大论的阐述，但是这一概念将贯穿全书。就算我们放弃整个本能理论，也无法改变神经症本质上来源于冲突这一事实。弗洛伊德能超越这些理论假设的阻碍，从而认识到这一点，就足以证明他的远见卓识。

弗洛伊德不仅揭示了潜意识过程在性格以及神经症的形成当中所扮演的重要角色，还教给我们许多有关其动力机制的知识。弗洛伊德把阻止情感或冲动进入意识的行为叫作压抑，压抑的过程可用鸵鸟政策来类比：被压抑的感情或冲动还与从前一样强烈，但是我们"假装"它并不存在。从通常意义上来说，压抑和假装之间的唯一不同是，对于前者我们主观上认为自己并没有冲动。要想抑制一股冲动，仅靠简单的压抑是不够的，必须寻求其他的防御机制。关于这些防御机制，我们可以大致将其分为两类：一种是改变冲动本身，另一种是仅仅改变它的方向。

严格来讲，只有第一类防御机制可以称为压抑，因为它确实减少了对于某种情感或冲动的意识。能够产生这种结果的两种主要防御机制是反向作用和投射，反向作用会使人发展出补偿性人格。例如，具有冷酷性格的人也许会以夸张的友善来示人。倾向于剥削他人的人在受到压抑后，也许会在请求别人帮忙的时候表现得过分谦虚或者表现得战战兢兢。为了压抑内心的愤怒，人们也许会表现得漠不关心；即使内心渴望爱情，也会用"我不在乎"来掩饰。

通过投射感情到别人身上也能得到相同的结果，投射的过程就类似于我们天真地认为别人会和我们有相同的感受和行动。有时候，投射的确只是这样。比如说，某个病人因为陷入种种人格冲突而对自己产生厌恶之情，当他面对治疗分析师时，他会自然而然地认为分析师也同样厌恶他。不过到目前为止，还没有人发现投射和潜意识之间有任何关联。有时我们坚信他人具有某种冲动或感受，实际是为了否认自己有着同样的感觉。这种转移具有很多好处，比如说，一位丈夫将自己对外遇的期许投射在妻子身上，那么丈夫不仅阻止了自己的冲动进入意识，而且可能会高高在上地对待自己的妻子，也许还会带着种种怒气天经地义地怀疑和指责妻子的任何不正当感情。

　　由于有种种好处，这种防御机制很常见。稍加补充一点，但不是对该理念的批驳，而是一个警告，即在没有证据的情况下，不要把任何事都解读为投射反应，而且在查证投射反应的因素时要极其谨慎。例如，如果一个病人坚信分析家不喜欢他，那么这也许是病人自己不喜欢这位分析家，从而产生了感情的投射，但也可能是因为病人对自己有不满之情。甚至，这也许根本就不是什么投射，只是病人不想跟分析家在感情上有任何瓜葛的借口，因为他害怕自己会产生依赖性。

　　另一类防御机制并不改变冲动的性质，只是改变它的方向。这一类防御并不压抑情感本身，而是压抑该情感与特定人物或情境的联系。将情绪从特定人物和情境中剥离出来有许多方法，下面我将就其中最重要的一些方法进行阐述。

　　首先，我们可能会将自己对一个人的感情转移到另一个人身上。这常常发生在人们愤怒时，当人们对那些自己畏惧或者依赖的人感到愤怒，或是隐隐意识到对某个人有着无名之火时，便会将怒火转移到他们不畏惧的人身上，比如说小孩或者女佣，或是转移给那些自己不依赖的人，比如姻亲或者雇员，抑或是转移给那些能为怒火找到正当理由的人，比如将对丈夫的怒火发泄到耍诈的侍者身上。另外，如果一个人对自己不满，那么他很有可能对周围的人发无名火。

第二，我们可能会将自己对人的情感转移给其他物体、动物、行为和环境，向墙上的苍蝇发火就是一个众所周知的例子。转移还可以表现为，我们将自己的怒火从发怒的对象身上转移到其珍惜的想法和行为上。就这一点来看，我们刚好印证了心理决定论的用处，因为人们转移情感的对象是受到严格决定的。比如，一位妻子全身心地为丈夫付出，但却莫名其妙地抱怨丈夫的工作，这可能是因为她想完全地占有她的丈夫。

第三，我们可能将对其他人的感情转移到自己身上，一个显著的例子是将对别人的谴责转移给自己。这个观点的价值在于弗洛伊德指出了存在于众多神经症中的一个极其重要的问题，通过观察，弗洛伊德发现，当人们无法表达批评、指责或者愤怒的情绪时，他们就会倾向于寻找自己的问题。

第四，我们对特定的人或情景产生的感情可以变得完全模糊和泛化。比如说，对自己或他人的某种特定的懊恼，可能会泛化成一种整体的愤怒状态。面对某种特定的困境，我们的焦虑可能会被模糊处理为没有任何实质内容的焦虑。

至于那些完全无意识的情感是如何得以释放的，弗洛伊德指出了四种途径，如下所述。

第一，尽管上述防御机制阻止了情感或者其真正意义和方向进入意识，但却依然使情感以一种迂回婉转的方式表达了出来。比如说，一位过分溺爱孩子的母亲常常将自己的溺爱表现为敌意。如果她的敌意投射到别人身上，那么在认定他人对自己有敌意后，她仍然会以敌意作为还击。但如果一种情绪仅仅是被转移，那么它仍会被表达出来，只是表达的方向是错误的。

第二，若以一种理性思维模式为基础，压抑的情绪或冲动是可以表达出来的。或者更规范一些，就如艾瑞克·弗洛姆（也是精神分析心理学家）所说：如果它们是以广为社会接受的形式表现出来。控制欲和占有欲往往会以爱的形式表达出来，个人的野心也可以文饰为对一项事业的献身，诋毁可以披上理智怀疑的外衣，明明是充满敌意的挑衅，却打着揭示真相的旗号。虽然我们对这种合理化过程有了一个大致的了解，但弗洛伊德又做了更进一步的探索；他不仅向世人展示了其在运用上的广度和精度，还教会我们如何在治疗中系统地运用它来发现潜意识里的动力。

就第二方面而言，很重要的一点是，合理化也被用于维护防御机制，并对其做出辩护。一个人如果无力指控他人或为自己的利益辩护，他也许就会有意识地为他人着想或试着理解别人。当人们不愿意承认有潜意识的力量在驱使自己时，他往往会将其合理化，说"不相信自由意志"是罪恶的。如果没有能力获取自己想要的东西，人们就会表现为无私；而人们的疑病性恐惧，则会被认为是在履行照料自己的责任。

在实际应用中，对这个概念的频繁误用并不会抹杀它的价值，就好比你不能将手术中的失误归咎于一把上好的手术刀。但是，我们应该意识到，运用合理化其实是在使用一种危险的工具，如果没有确凿的证据，我们就不能用合理化作为借口来解释某种态度或是罪过。如果真正的驱动是其他动机而非意识，那么合理化就是存在的。比如，有些人不愿接受收入很高但很艰难的工作，这是因为他坚守信念，不会为了经济和地位上的诱惑而放弃自己的信仰。另外一个可能性是，尽管他有信念，但最重要的动机是他担心自己因不能完全胜任这份工作而遭受谴责或者攻击。针对后者，如果不是因为害怕失败，那么他还是会妥协并接受这份工作。至于这两种情况在众多变数中哪一个更重要，当然会有不同的说法。但是，只有当"害怕失败"这个动机更有影响力时，我们才能运用合理化这个概念。我们并不相信他的有意识的动机，这可能是因为我们认识到，这个人在其他情况下会毫不犹豫地做出让步。

第三，人们在不经意间也会流露出被压抑的情绪或想法。弗洛伊德在关于智力心理学和日常错误心理学的研究中已经阐明这些理论；尽管在细节上还存在着争议，但这些研究成果还是成了精神分析的重要依据。一个人的情绪和态度常常会在不经意间流露，比如他说话的语气和肢体语言，或者他在不知其意的情况下说了或做了某件事，这些观察同样也是精神分析疗法的极有价值的组成部分。

第四，也是最后一点，压抑的渴望或者恐惧也许会在梦境或幻想中重现，被压抑的复仇冲动也可能会出现在梦中；当一个人自认为高某人一等，但却不敢在有意识的思维中存在这样的想法时，这种优越感就会在梦中出现。这个概念所代表的成果甚至比我们以往的研究更有影响力，特别是我们将其概念所针对的范畴由梦境和幻想扩展到了无意识错觉。从治疗的角度来说，这种认识很重要。病人往往并不想被治愈，因为他们不愿意放弃自己的错觉。

本书接下来的章节将不再论述弗洛伊德的解梦理论，因此我想借机阐述一下我是如何理解该理论的重要性的。暂且不说弗洛伊德已经教会我们许多关于解梦的具体细节，我首先认为，他的最重要的贡献是提出了有效的假设——梦境表达了人们渴望达成愿望的倾向。如果我们充分了解了梦的潜在内容，梦就可以给予我们解释现存动力的线索——梦到底表达了人的什么倾向？哪些潜在的需要促使它表达了该倾向？

举个简化了的例子，一位分析师在某个病人梦中呈现出无知、专横、丑陋的样子。假设梦境显示病人的内心倾向，那么这个梦表现出了以下几点：第一，这表现了贬低某人某物的倾向，比如，贬低一种观点。第二，我们必须找到驱使病人贬低分析者的实际需求。这个问题反过来让我们认识到，该病人在与分析者沟通的过程中，认为分析者说了一些羞辱自己的话，或者感到自己的主导权岌岌可危，只有通过贬低分析者他才能巩固自己的地位。通过分析这一连串的反应，我们需要面对另一个问题，即这是否是该病人特有的反应模式。在神经官能症中，做梦最重要的功能就是寻找缓解焦虑的办法，或者为真实生活中无法解决的纷争寻求解决方案。如果这些尝试失败了，那么病人还将持续做焦虑的梦。

弗洛伊德的解梦理论常常受到人们的争议，但是在我看来，争议的两个方面常常被人们混淆：一方面是进行解读所应遵循的理论原则，另一方面是我们实际做出的解读。弗洛伊德已经为我们提供了方法论的观点，但它们肯定只是形式主义。由这些理论导出的实际结果将完全取决于个体的基本动机、反应和矛盾冲突，因此，在相同的理论基础上进行分析可能会得出不同的结论，但结论的不同并不影响该理论的有效性。

弗洛伊德的另一个基本贡献是，为研究神经质焦虑的本质以及它在神经官能症中所起的作用开辟了新的道路。本书后面的章节将会详细阐述这一点，在此不再赘述。

同样，我可以在此简短地论述一下儿童时期经历的影响。该研究比较有争议的部分是以下三个假设：遗传比环境更重要，人生中比较重要的经历在本质上与性欲有关，成年人的经历在很大程度上是童年经历的重复上演。就算这些饱受争议的理论全部作废，弗洛伊德理论的精髓仍将存在：童年经历对性格和神经官能症的形成有着超乎想象的影响。无须多言，大家都知道，这些研究不仅为精神病学领域，还为教育学和人类文化学带来了革命性的影响。

在存有争议的观点中，弗洛伊德有关性欲的理论将会在后面的章节阐述。尽管很多人反对弗洛伊德对性欲的评价，但是别忘了，弗洛伊德为将性问题作为事实来研究，以及理解这些问题的实质和意义扫清了障碍。

同样重要的是，弗洛伊德为我们提供了治疗的基本方法论工具。主要的概念包括移情、抵抗与自由联想法，它们都是精神分析疗法的重要组成部分。

移情是否为婴儿时期态度的不断重复，这个话题也备受争议。抛开这一点不说，移情理论认为，观察、理解和讨论病人在精神分析情境下的情绪反应，是我们研究其性格结构及其所遇困难的最直接的方法，它已经成为最具影响力的、不可或缺的分析治疗工具。我认为，除了利用移情的治疗作用，我们未来的心理分析应立足于对病人反应的更为精确和深入的观察与理解。这个信念是基于一种假设提出的，即所有人类心理的本质都建立在对人际关系运行过程的理解之上。精神分析上的关系也是人类关系中的一种形式，它为我们提供了前所未有的理解这些关系过程的可能性。因此，精神分析法要对这种关系进行更精确、更深入的研究，这将极大地促进心理学的发展与成长。

抵抗，即个人保护自己被压抑的感情或想法，防止它们进入自己的意识。我们之前也提到过这个概念，它是基于我们的一个认知，即病人有很好的理由拒绝让自己意识到一些驱动力的存在。那么这就引起了一些存在争议的问题，而在我看来，这些观点并不正确，即这些利益的本质并不会削弱认识其存在的重要性的观点。我们已经花费大量的精力来研究病人是如何捍卫自己的立场，以及他们是如何挣扎、退缩和逃避问题的；若我们能分析更多的个案，了解不同个体的挣扎方式，我们就更能快速有效地促进精神分析疗法的发展。

不管是否有任何智力上或情感上的阻抗，病人都要尽到自己的义务，将自己的想法或感受全盘托出，这是让精神分析做出精确观察的关键因素。精神分析疗法的基本规则中用到了一个有效的原理：尽管没有显现，但想法和感觉总是持续存在的。这就要求分析师必须高度关注病人想法和感觉的生成顺序，也使他们能够逐渐得出试验性的结论——哪些倾向或者反应能够促使病人做出明确的表达。至于自由联想的观点，在治疗法中，它属于潜在价值尚未明确的一个分析概念。经验告诉我，只要我们更透彻地理解可能出现的心理反应、心理连接和表达形式，这个概念的价值就能得到更好、更有力的证明。

要想对病人潜在的精神发展过程做出判断，我们应该留意病人表达的内容及其顺序，并对他的言行举止——手势、语调和喜好，进行整体的观察。如果与病人就这些假设性的推断进行沟通，他们便会由此产生更多的联想，继续、证实或者推翻分析师所做出的解读，并给予分析师新的信息以拓宽他们的思维，或是缩小信息的范围至更具体的情境，进而从整体上揭示出对这些解读的情绪反应。

这种方法一直遭到质疑，反对者们认为这些解读太过武断。在分析师解读后，病人所做的自由联想会受到之前分析师解读的启发和影响，因此整个过程的主观性非常强。如果这种反对的声音存在任何意义的话，除了心理学领域所呼吁的客观性不可能获得之外，它只会有如下可能性：一位易受影响的病人被灌输了颇具权威性的错误解读，这位病人将受到误导。这就像是一个老师误导学生一样，如果老师告诉学生他能在显微镜下看到什么，那么学生就深信不疑地认为自己已经观察到那些物体，这是极有可能发生的。忽略这种解读的误导其实是很危险的，我们不能完全消除这种误导，但是可以减少它的影响。分析师的心理学知识越丰富，对心理学的理解越透彻，他就越不会对理论性的概念按部就班，越不会先入为主地去诠释或者让自己的问题干扰了观察。如果能不断地考虑和分析到病人可能出现的过度顺从，那么误导的危险就能得到进一步的减少。

上述讨论无法完全涵盖弗洛伊德所有的研究成果。以上阐述仅仅是心理学研究方法的基础，我的实际经验表明，它们都是最具建设性的。我们可以简明扼要地阐述这些论点，因为这些都是我在工作过程中需要使用的工具；在接下来的每一章里，我会逐一地阐明它们的效度和用途。可以说，它们是本书的心理基础，本书将陆续提到弗洛伊德的其他众多开创性观察研究。

第二章 弗洛伊德思想的一般前提

天才的特质之一是有远见卓识，并能勇于认知当下偏见。从这一点来看，弗洛伊德就可以称得上是天才了。最难能可贵的是，他常常能从权威的思维里跳出来，以新的视角来思考和看待心理连接。

听起来好像是陈词滥调，但不得不指出的一点是：没有任何人，包括天才也不能完全脱离他那个时代而存在。他有卓越的才能，但是他在很多方面也会受到那个时代思维方式的影响；承认时代对于弗洛伊德的影响不仅具有历史角度的趣味性，而且对于那些致力于更好地理解弗洛伊德那复杂的、看似深奥的精神分析理论结构的学者来说，也是至关重要的。

我对历史的兴趣十分有限，对精神分析以及哲学的历史发展都不甚了解，因此无法透彻地理解19世纪的哲学思想或者当时的心理学流派是如何影响弗洛伊德的。我的意图很简单，只想专注研究弗洛伊德提出的某些特定前提，继而更好地理解他是如何解决心理学问题的。暗含的哲学假设在很大程度上也影响着精神分析理论，这些在后面的章节会进行阐述。本章的主要目的不是详细地论述那些前提、假设所带来的影响，而是对它们进行简要的概括。

第一个影响是弗洛伊德的生物学倾向。弗洛伊德以科学家自居并备感骄傲，他总是强调，精神分析是一门科学。哈特曼曾对精神分析法的理论基础做出精辟的阐述，他说："精神分析法以生物学为基础，这是其最重要的方法论优势。"[1]例如，当我们研究阿德勒的理论时，哈特曼表示，阿德勒主张对权势的追求是神经症中最重要的因素，如果他成功地发现其生物学基础，那我们将受益良多。

弗洛伊德的生物学倾向有三重影响：第一，他倾向于把精神上的现象归因于生理化学的作用；第二，他倾向于认为，是体质或遗传因素决定了心理历程和它们发生的次序；第三，他认为两性在心理上的区别是由生理解剖结构的差异所导致的。

第一个倾向是弗洛伊德本能理论的决定性因素：力比多理论和死亡本能理论。弗洛伊德相信情绪驱力会左右精神生活，认为它们都有生理基础，因此他是一位本能理论学家[2]。弗洛伊德认为本能就是内在肉体的刺激，这种刺激会长期运转并倾向于释放压力。他反复强调：这种解读是将本能置于生理过程与心理过程的边界。

第二种倾向侧重于体质或遗传因素，在很大程度上促

---

[1] 海因兹·哈特曼《精神分析的基础》（1927年）。

[2] 艾瑞克·弗洛姆在一本未出版的手稿中已经强调过这一事实。此处的"本能理论学家"采用的是过去的含义。现代社会对"本能"的解释是"对身体需要或外部刺激的遗传反应模式"〔W. 特洛特《和平与战争中的群居本能》（1915年）〕。

进他总结出性欲受遗传影响的几个发展阶段：口唇期、肛门期、性器期和生殖期，该倾向还支撑起了俄狄浦斯情结是正常现象这一假设。

第三种倾向是弗洛伊德对于女性心理学的观点的决定性因素之一，该观点在"解剖即命运"[1]这一习语中得到明确体现。这句习语也出现在弗洛伊德关于双性恋的概念中，比如，女人希望变成男人其实就是希望拥有阴茎，而男人不想表现出某种"娘气"其实就是害怕被阉割。

第二种历史影响是消极的。直到最近，因为有了社会学家和人类学家的研究，我们才不至于在文化问题上显得幼稚无知。在19世纪，人们对文化差异知之甚少，总是倾向于将个别文化的特征笼统地归结为全人类的本质。根据这些观点，弗洛伊德认为他所遇到的人以及他观察到并想要去解读的图景就是全部，适用于全世界，他的这种片面的文化取向与他的生物学前提有着紧密的联系。关于环境的影响——特殊的家庭环境和普遍的文化环境——他最感兴趣的是，环境是以何种方式塑造他所谓的本能驱力的。另一方，他又倾向于将文化现象视为生物本能结构的产物。

弗洛伊德在解决心理学问题中的第三个特点是，他会明确地避开任何价值判断和道德评价。这种态度与他将自己定位为自然科学家是完全吻合的，这在他记录和分析自己的观察时才能体现。正如艾瑞克·弗洛姆所说，[2]在那个自由主

---

[1] 西格蒙德·弗洛伊德《两性解剖差异所带来的心理结果》，摘自《国际精神分析期刊》（1927年）。

[2] 艾瑞克·弗洛姆《心理分析疗法的社会公德局限性》，摘自《社会研究期刊》（1935年）。

义时代，盛行于经济、政治和哲学思想领域的宽容原则影响了弗洛伊德的研究态度。后面我们将论述这种态度是如何对某些理论性概念产生决定性影响的，例如"超我"以及精神分析治疗法。

弗洛伊德思想的第四个基础是他倾向于将心理因素看作成对的对立体。这种二元论思想，同样也深深地植根于19世纪的哲学思想中，贯穿了弗洛伊德整个理论构想的始终。他提出的每一条本能理论，都试图通过两组严格对立的驱力倾向，使心理现象可以得到完整的理解。对于心理前提的最重要的表达，在于他在本能和"自我"之间发现的二元论。弗洛伊德认为，它就是神经症冲突和神经症焦虑的基础。"娘气"和"男子气概"这对相互对立的概念也体现了弗洛伊德的二元论思想，与辩证思维不同，这类思想里的刻板成分给其赋予了一定的机械论特质。在此基础上，我们可以将弗洛伊德的假设理解为：一组元素与其对立组所包含的元素是相异的。例如，"本我"包含所有使自己满足的情绪动机，而"自我"却仅有检查和抑制的功能。在现实中——若认可这种分类——"自我"和"本我"不仅有可能，而且会常态性地包含着对某种目标的强烈驱动。机械论的思维习惯也解释，若将能量运用于一个系统中，那么其对立系统则会自动消息，这就好像关爱他人会疏忽对自己的关爱。最后，这种思维方式还可表现为：某种相对立的倾向一旦形成，这种状态就会长期保持下去，而不是一些人所说的两种对立倾向会持续互动，比如"恶性循环"。

最后一个重要的特征就是我们刚刚提到的弗洛伊德的机械进化论思想。因为我们还不是很明白这个观点的含义，而它对精神分析核心理论的理解又至关重要，所以相对于其他假设，我将就这个特殊情况进行详细的阐述。

从进化论的角度来说，现今存在的事物与其最初的形态是不同的，它们经过多个阶段的进化，变成了现在的样子。它们在早期阶段的形态也许与现在截然不同，但是如果没有早期阶段，它们现有的形态就无法被人理解。18世纪到19世纪，进化论主导科学思想，这与当时的神学思维有着极大的反差。最初，该理论主要应用于非生命的物质世界，后来，它也被应用于生物和有机现象中，达尔文就是生物科学最具代表性的人物，同时，它也对心理学产生了重要影响。

机械进化论是进化论思想的一种特殊形式。它认为事物的现状是由过去决定的，而且只包含过去；在进化过程中，并没有产生任何新的东西，我们今天看到的只是改变形态的旧事物而已。以下是威廉·詹姆斯对于机械性思维的说明："作为进化论者，我们必须坚守一个信念：所有事物呈现出来的新形态只是原始物质重新分配的结果。"[1]谈到意识的发展，詹姆斯声称："在这个故事里，早期未呈现出来的因素和性质，在后期也不会出现。"他还说，"意识"本不应被视作动物发展过程中出现的"新的性质"，因此，这种新的性质应归因于单细胞生物。这个例子也显示了对于机械性思维的关注，这种关注是遗传性的，分析了过去该事物是什么时候、以什么形式出现的问题，也探讨了它是以什么形式再出现或重复出现的问题。

有很多广为人知的例子可以解释机械论和非机械论思维

---

[1] 威廉·詹姆斯《心理学原理》（1891年）。

的不同点。比如水转化成蒸汽，机械思维侧重于表述蒸汽只是水表现出来的另一个形态而已。可是，非机械性思维则持这样的观点：尽管蒸汽通过水发展而来，可在这个过程中，一种全新的物质已经出现了，它由新的规则操控并呈现出另一种效果。关于机器在18世纪到20世纪的发展，持机械论观点的学者认为，各种机器和工厂在18世纪早期就出现了，它们的发展仅仅是数量上的变化而已。而持非机械性观点的人则强调：数量的改变引起了质量的改变；数量的发展带来全新的问题，比如生产线的新产能、雇员作为新的社会群体出现、劳动力带来的新问题等等；改变带来的问题不仅仅是数量增长，还有全新的因素。换言之，重点应该从数量转移到质量上。非机械性观点认为，在有机发展中从来就没有简单的重复或者回归早期阶段的退化。

从心理学角度讲，最简单的例子就是年龄问题。机械性思维所持的观点是：一个40岁男人的抱负，是对他10岁时抱负的重复。非机械性思维则认为，成年人的抱负中很可能包含着童年幼稚理想的元素，但前者与孩提时的理想完全不同，准确地说，这就是因为年龄的不同。当他还是小男孩的时候，他就对未来抱有宏大的理想，期待某天能实现这个梦。而等到40岁时，作为一个男人，他才发现这个梦基本上就是一个模糊的概念，或者说，他意识到自己根本无法实现这些抱负。他将会意识到错过的机遇、自己的局限以及外界的重重阻挠。如果他依旧坚持自己的黄粱美梦，一切将以绝望和丧气收场。

弗洛伊德有着进化论的思想，但采用的却是机械论的方式。在心理图式的形式下，他认为我们自5岁之后就再也没有发展出什么新的特性，5岁之后的行为反应或者经历都是以前经历的不断重演，这种假设在很多精神分析文献中引用。就以焦虑为例，弗洛伊德曾经探索我们在哪里可以找到焦虑的源头。根据这个思路，他最终总结：出生即为焦虑的第一表现，之后的焦虑均为出生时焦虑的不断重复。弗洛伊德的这种思维方式，还促使他推测出个体发展阶段是系统进化事件的重复——比如把"潜伏期"看作是"冰河世纪"的残留。在一定程度上，这种思维方式也使他对人类学产生了兴趣。在《图腾与禁忌》一书中，他宣称原始人的精神世界很有趣，因为它代表了我们保存完好的早期发展状态。在理论上，他曾经试着解释阴道的快感可能来自口腔或者肛门的快感。尽管这一点不是很重要，但它可以作为弗洛伊德持此种思维方式的证明。

最能反映弗洛伊德机械进化论观点的，是他的重复性强迫理论。在他的固着理论中，很多细节透露出该观点的影响；在他的情感退化理论与移情概念中，该观点还揭示了潜意识的无时间性。总体来说，该理论认为一个人的性格趋势是基于其幼年时期的，并倾向于用过去的事情来解释现在。

关于弗洛伊德的这些假设，我已经陈述完毕，且没有提出任何批评的意见。我也不打算在后面的章节里讨论它们的效度，因为这已超出一个精神病学家的能力范围和兴趣爱好。对于这些哲学设想，精神病学家的兴趣在于研究它们是否能得出有用的、具有建设性的观点。如果我能预测关于这些观点及其结果的讨论，我的判断是，精神分析法要想发挥其巨大潜力并向前发展，就必须摆脱过去已有的成果。

第三章　力比多理论

弗洛伊德在本能理论里提到，一个人的精神力量来自原始的化学——生理反应。弗洛伊德相继提到过三个二元论的本能观点。在该二元论中，他坚信本能中存在一个性本能，但当谈到其他两个观点时，他又改变了看法。在所有本能理论中，力比多的地位十分特殊，因为它是关于性、性的发展以及性对人格的影响的理论。

在临床观察的基础上，弗洛伊德将注意力转移到性欲在引发精神障碍当中所起的作用。他运用催眠疗法来治疗患有癔症的精神病人，发现被遗忘的性经历往往是问题的根本。后期的观察似乎也印证了之前的假设，绝大多数神经症病人或多或少都有某种类型的性功能障碍。例如，在一些神经症性问题里，最突出的现象就是阳痿和性变态。

弗洛伊德的第一个本能理论：我们的生活主要是由性本能与"自我驱动"之间的冲突决定的。后者可以解释为自我保存和自我肯定等内驱的总和，他还主张，所有与生存必要之物不相关的驱动或者态度从根本上说都来源于性。

尽管他把这种对精神生活的影响归因于性，但我们还是没办法在性的基础上解释很多与性无关的现象。比如，贪婪、吝啬、玩世不恭或者其他性格怪癖、艺术追求、不理智的敌对态度和焦虑，我们已经习以为常的性本能理论无法涵盖如此宽泛的领域。如果弗洛伊德致力于在性理念的基础上诠释所有的神经领域现象，那他不得不扩大性概念的范畴，这是对理论扩展的要求。弗洛伊德本人总是声称，他之所以不得不扩大性概念的范围，都是基于实证研究的要求。事实上，他的确在搜集了很多临床观察之后才开始构建力比多理论。

力比多理论包括两个基本概念，简单地说，一个是性概念的扩展，一个是本能的转化。

让弗洛伊德认为有必要扩展性概念的数据资料可概述如下：性欲的对象并不仅仅是异性客体，也可能是同性、自己或者动物。同时，性目标并不总是指生殖器的交合，还包括其他器官，特别是可以替代生殖器的嘴和肛门。性兴奋不仅仅是由性伴侣在性交中所带来的，也可以由性虐待、性自虐、偷窥和露阴癖等引起。这类行为不只局限于性变态，健康人也会有类似的特征。例如，一个正常人在长时间的压力和挫败感下会对同性感兴趣，不成熟的人可能会被引诱而做出变态的事情；我们可以在普通的前戏，如亲吻或者攻击性行为中发现此类行为，它们也会在梦或幻想中出现，常常是神经症的基本症状。最后，婴幼儿时期的愉悦冲动在某种程度上与性变态有类似的地方：吸手指、非常愉快地关注大小便过程、施虐幻想和行为、性好奇、自我裸露的愉悦或者观察别人的裸体。

　　弗洛伊德对此做出总结：性趋向可以很轻易地指向不同的物体；由于性兴奋和性满足可由各种各样的方式达成，那么性本能本身就不是单一的而是复合的。性欲并不是倾向于异性的本能，也不仅仅是生殖器的满足；异性生殖器的驱力仅仅是一种非特定的性能量，即力比多。力比多可能会集中于生殖器，但也可在那些能替代生殖器的地方产生相同的能量，比如嘴、肛门或者其他"性感带"。除了口交和肛交，弗洛伊德还指出其他性欲趋向的类型——性虐待和自虐、露阴癖和窥阴癖，这些性欲是无法通过满足身体"性感带"而得到满足的。因为外生殖器的性欲表达在童年早期很常见，所以它们被称为"前生殖器"驱动。当5岁左右，在正常的发展下，他们会产生生殖器冲动，由此形成了我们俗称的性本能。

　　性欲发展过程中的紊乱主要以两种方式呈现：一是由固着产生——有些驱力成分可能会抗拒成为"成人"性功能的一部分，因为他们天生[1]就十分强大；第二个是退化——在挫败感的压力下，本来已经达成的性复合可能又会分裂成不同的驱力。在以上两种情况下，生殖器的性欲是紊乱的，个人就会沿着前生殖器驱力指定的道路来追求性欲的满足。

　　力比多理论中比较隐晦的基本论点——尽管没有公开发表——所有愉悦的肉体快感或者对这种快感的欲望从本质上来说都是性欲。这些驱动包含感官的愉悦体验，例如吸吮、排泄、消化、肌肉运动、皮肤快感、与他人接触的愉快经历——比如被鞭打、向他人暴露自己、观察他人或者观察

---

[1] 弗洛伊德对"天生"的解释是它既可以是天生的也可以是从早期经历获得的。他在自己的论文《可完结与不能完结的分析》[《国际精神分析期刊》（1937年）]中提到了该词的定义。

他们的身体机能、虐待他人，等等。弗洛伊德发现，根据对于儿童的观察其实并不能证实这一点。那么他的证据是什么呢？

弗洛伊德指出，婴幼儿在吸奶之后获得的满足感其实是跟成年人性交获得的快感是类似的。当然，他并不是想把这种类比作为结论性的证据。但是，我们又不禁要问，为什么还要提出这个论点呢？没有人怀疑人们可以从吸吮、进食、散步或者类似的活动中获得快乐；所以这个类比省略了具有争议的一点，那就是婴幼儿的快乐是否与性有关。根据弗洛伊德的观点，尽管身体感受与追求快感的性本质不能完全确定是由孩提时代发展而来，但事实证明，此类快感却与成人的性活动相类似，比如性变态、性前戏或手淫幻想。尽管这是真的，但我们还是要考虑到，在性变态和性前戏中，最终的性满足都关乎生殖器。根据弗洛伊德的假设，阴茎口交带来的兴奋度和强度应该与阴道性交所引起的相同。事实上，同亲吻一样，阴茎口交时口腔黏膜所得到的兴奋感无足轻重。口交行为仅仅是达到生殖器快感的一个条件，类似的条件还有施虐与受虐、暴露与观看裸体或裸体的一部分，以及看他人摆出特定的姿势。弗洛伊德意识到了这种反驳，但并不认为这是反对他的理论的证据。

总的来说，弗洛伊德极大地促进了我们对于引起性兴奋的各种因素或引起快感的条件的认识，但他还没有证明这些因素本质都是性本能。此外，他的论证有一概而论之嫌。性快感可从观看施暴行为中获得，但这并不能说明施暴行为是一般性驱动中不可分割的一部分。

就身体愉悦驱动的性本质这一论点，弗洛伊德指出了更进一步的证据，即有时非性欲的肉体欲望可能会与性饥渴交替出现。神经症病人可能会发生周期性的强迫进食与性生活交替出现的现象，饕餮之徒通常会对性交兴趣缺失。我会晚些阐述这些观察的结果以及从中得出的总结，在此说明一下：弗洛伊德忽略了对一个事实的解释，那就是将一种对于快感的渴求替换成另外一种并不能证明后者就与前者类似。如果一个人想去看电影，但是没看成，他就改听收音机，这并不能说明看电影和听收音机所带来的愉悦有什么本质上的相似。如果猴子得不到香蕉，但它后来觉得荡秋千也挺好玩的，这个结论性的证据并不表明荡秋千是进食欲望的一个组成部分，或者说通过荡秋千能获取进食的快感。

根据以上种种考虑，我们可以得出结论——性欲理论还未经过验证。它所给出的例证包括了未经证实的类比和概括，此外，关于性感带的研究数据的效度也是极不确定的。

如果力比多理论仅仅用来解释性欲倒错或婴儿对于快感的追求，那么这些效度问题也无足轻重。但是它对本能转化结论来说意义重大，该结论认为人格绝大部分的特征、驱动和对自己与他人的态度都来自性欲，并不仅仅属于为了生存所做的挣扎。该理论倾向在弗洛伊德的第二条本能理论中也曾重点提到过，那是关于自恋和对象欲力的二元论。在他的第三个理论中也很明显，也就是性欲和破坏本能的二元论。之后的章节我会对这些理论进行阐述，所以在此我先暂时不加理会。关于性欲表现形式的讨论，就像前面提到的以性欲为本质的态度意识，例如施虐和受虐，弗洛伊德后来又认为它们是性冲动和破坏冲动的复合体。

关于性欲如何塑造人格、引导态度以及驱动力，弗洛伊德提出了几种方式，有些态度被看作目标抑制性欲驱动。因此不仅是对权势的渴求，甚至是任何自我肯定都被认为施虐欲望的目标抑制表达。任何的感情都是性欲的目标抑制的表达方式，任何对他人顺从的态度都被怀疑是被动的同性恋倾向。

与目标抑制驱力概念相近的是力比多驱力的升华。根据这个概念，性兴奋和性满足从根本上来说存在于"前生殖器"的驱力中，它也可以转化为具有类似特征的非性欲驱力，从而将原始的性欲能量转化成了普通的能量。事实上，升华和目标抑制之间并没有显著的区别，它们的共性在于两者都基于一个主张，即各种各样的性格特征，尽管它们都与性欲无关，但是均被视作去性化后的力比多。它们之所以区别不明显的原因之一是，升华原本的含义就涵盖了"将本能驱力转化成具有社会价值的东西"这一层意思。这就很难说清，自恋式的自爱转换成理想自我到底是一种升华还是自爱的目标抑制表现。

升华这个概念主要是指由"前生殖器"驱力转移到非性欲态度。细看这个理论的特点，例如，齐啬是升华后的肛交情欲快感，包括控制排泄的本能；绘画的快感是玩弄粪便快感去性化后的表现；有施虐渴望的人可能偏爱做外科手术医生或者高层管理工作，而且他们的非性欲行为中通常显露出征服、伤害和虐待等；性受虐驱力可能转化为体验不公平对待或者感受侮辱或羞辱的偏好；口欲渴望可转化为一种接纳能力、占有欲或者贪婪；尿道情欲可转化为野心。同时，好强可以看作跟父母或者兄弟姐妹的性竞争的去性化表现；渴望创造在一定程度上可以解释为父亲对孩子无性的期许，也可以解释为自恋的表现，而性好奇可以升华为爱好科学研究或阻挠科学探索。

有些态度并没有被视为性欲驱力的直接或调整后的结果，但却与性生活中的某些态度类似。弗洛伊德对生活中性驱力的"示范性"有一个笼统的解说，这个概念的实用性结果是，人们期望，如果可以消除性领域里的障碍，那么非性欲领域里的障碍也可以被顺理成章地解决，但通常这个期望无法实现。从心理图式的角度来看，该概念所需的解读就是，强制压抑情感的原因在于无法在性欲上抛弃自己。原始性冷淡也可以归因于早年性创伤或乱伦固着、同性恋倾向、施虐或受虐因素，而后者被认为基本的性学现象。

分类依旧是个难题：某种特定的行为被归类为受虐，原因是它自动遵循了性模式吗？或者说，非性欲受虐倾向是性欲的去性化目标抑制表现吗？但实际上，这些差别并不重要，因为所有相关的理论分类都是基于一个相同论据的不同表达：人类的首要目标是满足某些基本的本能，这些强有力的本能不仅会以直接的方式，也会以很多迂回的方式迫使人们实现它们预定的目标。尽管人们相信自己有崇高的感受，比如宗教信仰或者追求最高贵的活动，像艺术或科学，但他还是不得不顺从自己的主人——本能。

相同的教条式理念也支持将某种性格特征看作过去性关系的残留，或者将其看作对他人的潜在性欲态度的表现。这里所呈现的两个主要问题，都试图把态度解释为过去与某人身份认同的结果或者潜在同性恋的表现。

其他性格特征被视为对抗性欲驱力的反向形成。反向形成被认为从性欲本身吸取他们的能量：因此爱干净或条理性体现了反肛交情欲冲动的反向形成；友善是反施虐的反向形成，谦逊是反露阴癖或反贪婪的反向形成。

还有一类情绪或性格特征是由本能欲望造成的无法避免的结果，因此依赖他人的态度被视为口交情欲的直接结果；自卑感源于"自恋"性欲的缺乏，比如，施与他人情欲却没有得到"爱"的回应。倔强与肛交情欲有关，在此基础上，它也被视为与环境冲突的结果。

最后，诸如恐惧和敌意等重要感觉都被视为性欲驱力受挫的反应。当主要积极驱力的本源被认为是性欲，那么性愿望受挫便会成为令人害怕的危险。弗洛伊德认为，害怕失去爱，就相当于害怕失去由某些人带来的性满足，这被视作基本恐惧之一。而敌意，当我们不把它解读为性嫉妒的表现时，只是单方面地与挫败有关。神经性焦虑最终也来源于本能驱力的挫败感，不管是外界环境施压，抑或是内部因素，比如恐惧、抑制，都会产生本能的压抑紧张情绪。弗洛伊德在表述焦虑的第一个概念时认为：不管是由于内部因素还是外部因素，如果性欲不能释放，焦虑即会产生。后来弗洛伊德对这个概念进行了修改，使它更加符合心理学的规范。尽管焦虑被定义为个人对性欲受抑的恐惧与绝望，但它仍然是性欲受到抑制的一种表现。

总体来说，弗洛伊德认为，性格特征、态度以及驱力是对于性欲的直接的、目标抑制的或者升华后的表现。它可以是性怪癖的模式，可以是对性冲动或性受挫的反向形成，也可以是性欲依恋的内部残留。弗洛伊德试图说明力比多在精神生活中的巨大影响，但对这种泛性论观点的批评也随之而来。为了对这些批评进行反驳，有论证认为，力比多与我们通常所理解的性欲并不相同。此外，精神分析法也考虑性格中那些压抑性驱力的动力。在我看来，这些争论都是没有意义的。重要的是，我们要分析性对人格个性的影响是否真如弗洛伊德所说的那么重要。为了回答以上问题，我们必须对弗洛伊德提出的性本能驱力产生态度的每一种途径，进行批判性的讨论。

这个假设——某些感受或者驱力是性目标抑制的表现，包含着一些有用的临床发现。感情和柔情可以是目标抑制的性本能，它们可能是性欲的前兆，性关系也可转变为仅关乎情爱的关系。控制他人和管理他人生活的欲望可能是一种轻度的、合理化的施虐倾向，但这种施虐倾向的性本源和性本质还有待研究。但是没有任何证据显示，所有朝向感情或权势的驱力都是目标抑制的本能驱力。也没有证据表明，感情不会在各种非性欲情况下产生，比如母爱的关怀和保护欲。另外，还有一点被完全忽略了，那就是对感情的需求可以成为重拾信心以对抗焦虑的途径，这样一来，这个现象就与之前的表述完全不同了，因为它与性欲没有任何关系——尽管它可能带有些许性的色彩。[1]同样，控制欲可以是施虐冲动的目标抑制表现，但也可能与施虐完全无关。施虐狂的冲动始于软弱、焦虑和复仇冲动，而对权势的非施虐性驱力则始于坚强的力量、领导才能或者贡献精神。

性因素决定内驱力和态度，这一教条性的观点在升华理论中体现得尤为明显。支撑该假设的研究数据十分匮乏，缺少说服力。据观察，当一个孩子对性的好奇心被唤醒，他

---

[1] 卡伦·霍妮《我们时代的神经症人格》（1937年）第6—9章。

就会想要拥有世界上的一切，但如果他对性的好奇心得到了满足，那么他的普通的好奇心也会停止。但是，这并不能保证据此可以推论出所有对知识的渴求都是性好奇心的"去性化"。对任何一类研究的特殊兴趣都有很多根源，其中有些可以追溯到孩提时代的某段经历。尽管如此，它们的本质却不一定是性欲。面对此种批评，精神分析学家总是辩解，称精神分析法从来都没有忽略"多重决定"因素，只是这个问题被模糊了。比较合理的假设是：每种精神现象都是由多重原因造成的。类似于这样的争议都没有涉及其中的重点，即性欲根源才是本质。

在有力证据的基础上，也有人指出，非性欲范畴的驱力或习惯常常与性欲范畴的、有着类似特征的驱力或习惯同时存在。如果一个人贪爱钱财，那么他也有可能是一位饕餮之徒，而且可能有食欲紊乱障碍或肠胃问题。吝啬的人有时可能会便秘。如果一个人喜欢自慰，那么他可能也喜欢玩纸牌，他会在两种玩乐的过程中感到羞耻，并不断地下决心要停止这种行为。

当然，当本能理论家发现，前面所述的生理机能表现常常与类似的精神态度相结合时，他们便会受到引诱，把前者归为本能基础，把后者看成由前者以种种方式演化而来的。实际上，这不仅仅是引诱，在本能理论前提的基础上，只要有两类现象同时发生的情况，即可证明它们的因果关系。若有人并不认同这个前提，就没有证据来支撑这些特质频频同时发生的巧合。以前没有证据表明为什么眼泪和悲伤经常同时发生，当时的本能理论学家认为，悲伤是流泪的情感结果。而今天我们则认为，眼泪是悲伤的生理表现，而非从前所认为的悲伤是眼泪的情感结果。

　　换言之，贪吃贪喝是一般性贪婪的表现还是诱因？功能性便秘是否是占有欲和控制欲的众多倾向表现中的一种？迫使一个人自慰的焦虑也可能迫使他玩纸牌；之前的分析表明，他在追求一种禁忌的性愉悦，而说玩纸牌的羞耻感就来源于此，根本无法不证自明。就好比说，如果他还是那种注重完美外表超乎其他任何事情的人，[1]自我放纵和缺乏自控都会导致他深深地自责。

　　根据该论点，通过非性欲驱力或习惯和性欲表征之间的相似性并不能推论出因果关系联结。贪婪、占有欲、玩单人纸牌的强迫性都需要另作解释，若在此细说，将会离题千里。粗略来讲，比如在强迫性的单人纸牌游戏中，进行分析的时候必须考虑其他的因素，跟分析赌博时应考虑的因素相类似；又或者说，一个人因内心只想依靠他人而不愿自己努力，并时常感到错失良机，所以他花尽力气想要占尽先机并投机取胜。

　　在贪婪或占有欲的情况中，我们会想到那些在精神分析文献中被称为"口唇"或者"肛门"的性格结构；但是人们并不将这些性格特质与"口唇"或者"肛门"联系起来，而是把它们理解为人对其早期环境里的所有经历的反应。在以上两种情况下，这些经历会导致人们把世界看作潜在的敌人并产生深深的无助感，还会造成自发的自我维护的缺乏，以及对自己自发地去创造或掌握某件事物的能力的不信任。那么，我们就必须理解，为什么这个人倾向于将个人的发展

---

[1] 参见第十三章《"超我"的概念》。

依托在别人身上，并从别人那里索取，以及他让别人心甘情愿接受自己剥削的方式，比如通过迷人的微笑、恐吓或者明里暗里的承诺；我们也要理解，为什么有的人在脱离人群之后，或者在用孤高的外墙将自己与世隔绝之后，才能找到安全感和满足。在对后者的研究中，我们观察到了紧张的身体反应，例如双唇紧闭和便秘。

因此观点的不同大致可以表述如下：一个人因其括约肌的紧绷而不具有紧闭的嘴唇，但这两者都呈现出紧绷的状态，这是因为他性格里面的某种倾向——必须紧紧把握住他所拥有的一切，从不放弃任何东西，比如金钱、爱情或者其他自发的感受。这类人在梦中往往以粪便来象征人，性欲理论对此的解释是，他鄙视别人，因为别人于他就如粪便般存在。我想说的是，将人比作粪便即为鄙视他人的表现。我应找到他鄙视别人和自己的原因：比如，自我鄙视是因为神经脆弱，害怕受到歧视，所以我要通过鄙视他人来达到平衡，从而获得自尊感。在更深入的剖析中发现，这类人通常伴有施虐冲动，常常想通过贬低他人来获得胜利。同样，如果一个男人视性交为一种大肠排泄，那么他很有可能会描述性地谈论性交中的"肛交"概念，但是如果考虑此情境中的动力，我们则会考虑他所有的情感障碍，不仅是与女人的关系，可能还会有与男人的关系，"性关系中的肛交概念"因此就被视为污蔑女性的施虐冲动。

升华理论研究数据的缺乏明显体现在，升华理论假设的生理基础仅存在于理论之中。比如，感到悲伤的时候不一定会流眼泪，有占有欲的人可以没有任何排便怪癖，渴求知识的人也可能没有吃喝癖好；没有对性的好奇也可以对调查研究产生浓厚的兴趣。

情感生活是性生活的仿照，这一论点对于发掘个人的一般态度与其性生活或性功能之间的相似之处有着重要意义。过去，从没有人考虑过，一个人不具备山地滑雪的能力或者一个人对于男人的鄙视态度与性冷淡之间有什么共同之处；也没有人考虑过，一个人感觉受到性虐待与总是感觉受到雇主的欺骗和羞辱之间有什么联系。的确，很多证据表明，性紊乱和与其相似的障碍均出现在一般性格特征中。当一个人总是倾向于在感情上与他人保持距离，那么他就会挑选那些可以让他保持冷漠的性关系。一个常常感到不满的人往往会嫉妒他人获得的快乐，同样，他也会嫉妒性伙伴从他那里获得的满足感。一个有施虐倾向的人总是倾向于激发别人的期望值，然后又让他们失望，这样的人也许会剥夺性伴侣期待的满足感——这是早泄的原因之一。一个倾向于扮演殉道者角色的女人也许会将性行为想象成一种残忍和羞辱，她将会以反抗的方式来阻挠性满足的发生。

然而，弗洛伊德不只认为性障碍和非性障碍是吻合的，他还坚持认为性怪癖是其他怪癖的诱因。该理论将我们带入了一个怪圈：如果一个人的性功能一切正常，那么他在其他方面都是完美的。实际上，在神经症中，性功能有可能但不一定是紊乱的。确实有不少不能高效工作、患有焦虑症、有强迫障碍或者精神分裂倾向的严重神经症患者从性交中获得了最完美的满足感，我并不是从病人寥寥几句话中推断出这个事实的，而是根据病人能够清楚地分辨自己是否获得了完整性高潮这一现象中推断的。

遵循力比多理论的分析师对此提出了不同的看法。提出异议是可以理解的，因为该论点十分关键。这不仅关乎具体推论——性欲决定了其他态度，还涉及力比多理论的基本论点：性欲决定性格，退化情感理论也依赖于此。弗洛伊德认为，神经症主要是由"生殖器"阶段倒退到"前生殖器"阶段造成的，因此，在精神紊乱的情况下，人们不可能有良好的性功能。为了避免力比多理论与一些事实相矛盾，有论点称，尽管一些神经症病人在生理上或许没有性功能障碍，但是他们个人总是在"性心理"上出现紊乱，也就是说，他们在与性伴侣的心理关系中总是不和谐的。

这一观点是相当荒谬的。每一位神经症病人与性伴侣在心理关系中都会有障碍，但是我们可以对其进行不同的解读。对于包括我在内的认为神经症是由人际关系障碍所导致的人来说，这些障碍必定会在每一段关系中出现，不论是性关系还是非性关系。此外，力比多理论有一个论点认为，只有在"前生殖器"驱力被有效地克服之后，人们才会具有生理上完善的性功能。因此，一个人性功能正常但却患有神经症，这一事实揭示了力比多理论的根本错误，也即证实"个性特征在很大程度上依赖于个体性功能的本质"这一观点是错误的。

如果不生搬硬套地进行概括，我们会发现，态度是对现有对立驱力的反向形成，这个发现是相当有建设性的。过分友好的态度可能是施虐倾向的表现，但也不能排除这种发自内心的友好是以真正友谊为基础的可能性。慷慨可能是贪婪的反向形成，但也不能否认真心慷慨的存在。[1]

---

[1] 参见第十一章《"自我"和"本我"》。

　　弗洛伊德经常把挫折置于讨论的中心，这对很多方面都造成了误导。由于特殊的情况，神经症病人总是会感到挫败，但对于挫折的影响，我们不能一概而论。为什么神经症病人会轻易受挫，为什么他对挫败感的反应不同寻常，这可以归结为三个原因：第一，他的很多期待和需求都是由焦虑引起的，而因为这种焦虑，它们变成了强制的，这就使挫折成为对安全感的一个威胁；此外，他的期待不仅超乎寻常，而且相互矛盾，因此，在现实中是无法实现的；最后，他的期待往往是由一种潜在的、想要恶意战胜他人的冲动激发的，并通过将自己的意志强加给他人而得以实施，因此病人如果受挫，就会感到羞辱，接着他就会做出一些充满敌意的行为，这些行为并不是对挫折本身的回应，而是对他主观所感受到的羞辱的回应。

　　根据弗洛伊德的理论，这样的挫败感理应引起敌意。但是实际上，包括小孩和成年人在内的健康人在受到挫折后并不一定会产生敌意。这种对挫败感的过分强调对教育产生了一点实际影响：注意力将从父母态度中可能引起敌意的因素——简短地说，父母自己的缺陷[1]——转移出来，由此引导教育学家和人类学家强调非本质的东西，比如断奶、清洁教育和弟弟妹妹的出生。实际上，侧重点不应落在"什么"上面，而应在于"怎么样"。

　　此外，挫折是本能张力的来源，被认为是神经症焦虑的根本原因。[2]这种释义令我们对神经症的理解云里雾里，如此一来人们将无法认识到，神经症焦虑不是"自我"对持续

---

[1] 参见第四章《俄狄浦斯情结》。

[2] 参见第十二章《焦虑》。

增强的本能张力的回应，而是人格中各种冲突倾向的结果。

　　同时，挫折理论已经对精神分析疗法的潜质产生了严重影响。挫折扮演的角色给我们提供了一种建议：在分析过程中应使用挫折策略，将病人对挫败的反应放在最显著的位置。对于该程序的意义，我将会结合治疗中的其他问题进行讨论。[1]

　　最后，弗洛伊德将"潜在同性恋"作为原则来解释包括顺从、依恋共生等人格特征或与它们相反的反应。我个人认为，弗洛伊德之所以这样解释，是因为他没有理解受虐性格的结构，[2]而导致他无法理解的原因主要是他把受虐倾向归结为一种性现象。

　　简而言之，力比多理论的所有论据都无从考究。作为精神分析思想及其疗法的基石之一，力比多理论举足轻重。但是，追求快乐归根结底就是满足性欲，这一假设是站不住脚的。所有已提供的证据都是无根据的，而且经常是对一些较好的观察结果的笼统概括。生理功能与心理行为或精神追求之间的共同点被用于证明前者决定后者，未经证实，性怪癖就被随意地认为能够引发与其相似并可以共存的性格怪癖。

　　然而，可靠证据的缺乏并不是对力比多理论最严厉的批评。一种理论可以缺乏证据支撑，但它仍然可以作为有用的工具来扩大和加深我们的理解范围，换言之，它仍然是有效的假设。实际上，弗洛伊德自己也意识到该理论缺乏扎实可靠的基础，因此他称其为"我们的神话"；[3]但是，即使承

[1] 参见第九章《移情的概念》。

[2] 参见第十五章《受虐现象》。

[3] 西格蒙德·弗洛伊德《精神分析引论新编》（1933年）。

认了这个事实，他也不觉得继续把这个理论当作解释的工具有什么妨碍。在某种程度上，力比多理论在特定观察过程中一直都有建设性的指导。它促进我们摆脱偏见，以公正的眼光认识性障碍及其重要性，它还协助我们认清个性特征和性怪癖之间的共同点以及各种趋向之间频发的一致性（口唇期与肛门期的人格特征）。在理解与这些倾向共存的某些功能性紊乱时，它也为我们指明了方向。

该理论的薄弱之处也并不在于认为性欲是很多态度和驱力的根源。实际上，人们不仅可以抛弃"前生殖器"驱力[1]的生理本质的理论，甚至还可以在保留整个理论精华的基础上摈弃性是本质的理论。虽然亚历山大对此并没有做出明确的陈述，但他已放弃了前生殖器性理论，转而提出了三种基本倾向理论：接受或获取、保留、授予或消除。

但是，不管我们是否讨论性驱力或者亚历山大所总结的基本倾向，不管我们是否把它们称为口唇期性欲或者接受与获取的基本倾向，我们的思维模式都不会从根本上改变。尽管亚历山大的尝试起到了一定的推动作用，但基本假设是不变的：人类必须实现一定的原始的、生理上的刚性需求，这些需求之强大足以影响人的性格特征，进而影响整个人生。

这个假设构成了力比多理论的危险所在，它的关键特征和不足之处就在于它是本能理论。尽管它促使我们发现一种倾向可以在个性特征中以多种方式表达，但是它也误导人

---

[1] 后来弗洛伊德本人对口唇期和肛门期驱力的特定生理根源的观点也持保留态度："生理根源是否给本能带来任何特定的特征，如果回答是肯定的，那么它带来了怎样的特征，目前看来仍不明了。"（《精神分析引论新编》，"焦虑与本能生活"章）

们将力比多现象视为所有倾向的最终根源。这种错觉的产生是因为：只有这种解释才是"深层"的，因为它展示了一种倾向的生理根源。精神分析法声称自己是深层心理学，因为它研究潜意识动机：当人们对其的解读涉及被压抑的渴望、感受和恐惧时，就是非常深入的，但是那种认为"只有与婴幼儿时期驱力相关的释义才是深层次的解读"的观点犯了先入为主的错误。出于对三个主要原因的考虑，这也是有害的错觉。

第一，它对人际关系、"自我"、神经症冲突的本质、神经症焦虑和文化因素角色的理解都是扭曲的。我将在后面的章节对其进行讨论。

第二，它采取的是以点概面的态度，而不是试图去理解所有组成部分经过内部合作后所带来的特定效果，也没有试图去理解，在整个过程中，为什么某个部分就应当处在某个位置，为什么会起到特定的作用。比如，该论点没有将性虐待倾向视为整个性格结构中的一种表现，而是将性格结构及其复杂性视为一种从被鞭打的痛苦中获得兴奋的经历的后果。如果一个女人希望成为男人，那么该论点不会从她的整个性格特征来考虑，也不会从她的整个生活环境，特别是孩提时代的环境来考虑，而是将整个事件视为对阴茎的嫉妒的后果。她的破坏性野心、心理缺陷、对男人的敌意、自傲、不满、经期不调或者不孕和受虐倾向等复杂的特征，都被认为来自生理根源：阴茎嫉妒。

第三，它让我们看到很多在治疗领域并不存在的局限性。如果把生理因素视为终极原因动机，那么治疗必然无望，因为弗洛伊德曾指出，没有人能改变生理决定的东西。

那么，用什么来替代它，这在讨论力比多理论的时候已经达成共识，而且会贯穿全书所有章节。原则上有两种办法可以解决这个问题：一个是比较具体的方案，与被弗洛伊德认为本能的驱力力量有关；另一个是比较综合的方案，与驱力本身的性质有关。

对于某些驱力是本能的或根本的这一观点，支撑其的观察结果是，这些驱力看起来有着不可抗拒的力量，它们会强加于某个个体，不管他是否愿意，都要向某个特定的目标前行。这些本能驱力渴望得到满足，有时甚至会与个体的整体利益背道而驰。力比多理论在这方面的理论基础是，人类受到享乐原则的支配。

但是，这都是神经症病人所展现出来的看似不可理喻的、盲目的冲动。弗洛伊德意识到，在这一点上，神经症病人和非神经症病人是有区别的。如果目前无法获得满足，心理健康的人会选择延迟满足，还会付诸持续的、有目的的努力以在未来寻找合适的机会获取满足。而对于神经症病人来说，这些驱力是必须的，也不能延迟。为了解释这种区别，弗洛伊德引入了两个辅助的假设。一是神经症受到享乐原则的更为严格的限制，而且神经症患者一定会不顾一切地追求即时满足感，因为他们就像婴儿一样。二是神经症病人身上有一种奇怪的力比多黏滞性。我将在后面对这些问题进行讨论，即把幼稚症作为解释性原则的过度使用。至于神经症的力比多黏滞性假设，它仅仅是一种猜测，只有在没有合理的心理学解释的情况下，我们才能采用这种解释。

就神经症病人而言，弗洛伊德通过对其观察发现，某些驱力的不可抵抗性是有根据的，而且恰好是他所有最具建设性的研究发现之一。在神经症中，这类驱力诸如自我膨胀与依恋共生等，甚至比性本能还要强大，它们能在很大程度上决定一个人的生活方式，但问题在于，如何才能诠释这种力量。如前所述，弗洛伊德将其归结为对满足感的本能性追求。

但实际上，能赋予所有驱动力以力量的是，它们都能提供满足感与安全感。人类不仅受制于享乐原则，还受制于其他两种原则：安全感和满足感。[1]神经症病人比精神健康的人要更焦虑，因为他必须耗费相当多的精力来维护他的安全感，这对于他重拾信心以抵抗潜在焦虑是非常必要的，而且这能给予他力量与坚毅。[2]人们完全可以放弃食物、金钱、关注、感情，只要他们能放弃对于满足感的追求。但是如果没有这些东西，人们就会感到贫困交加、饥肠辘辘或者在面对敌意时感到无助的话，他们就无法放弃这些东西。换言之，如果失去这些东西会让他们失去安全感，他们就不会放弃这些东西。

驱动的力量不仅有满足感，也有焦虑，这是通过精确的实验得出的结论。比如，那些惯于索取、抢夺或者共生依赖者，一旦失去了金钱、帮助或者情感支持，他们就会出现焦虑症状，或多或少还带点愤怒，一想到自己的孤立无助他们就会感到惊恐，如果他们得到了自己想要的东西，焦虑就会相应减轻。焦虑可通过吃东西、购物、受到关注或关心而

---

[1] 在众多学者里，阿尔弗雷德·阿德勒和H.S.莎莉文已经强调过这两种原则的重要性，但是他们都没有充足的论据证实焦虑所扮演的角色，即不懈追求安全感的角色。

[2] 卡伦·霍妮《我们时代的神经症人格》第五章。

减轻。那种对他人有控制欲、总认为自己是正确的人喜欢正义和权力，可是如果判断失误，或者处在人群中时（比如地铁），他们又感到非常恐惧。保守类型的人不仅珍惜钱财、收藏品和知识，而且当他们意识到自己的私人空间被入侵或暴露于人前时，他们会感到恐惧；他们也可能会在性交时产生焦虑；他们也许会感到爱情是危险的；当他们向别人透露了一点点哪怕是不重要的私人生活信息，特别是自己的感受之后，他们可能会充满焦虑地反思无数遍。类似的研究数据还将在后面讨论自恋和受虐的章节里再次呈现，它们一致表明，虽然这些追求能够带来或公开或隐秘的满足感，但是它们所具有的"必须"的特点，即坚持该做的事、绝不妥协的特点，都来源于其自身所担任的、旨在减轻焦虑的防御机制的角色。

与这些防御机制所对抗的焦虑，我在从前出版的书[1]中将其描述为基本焦虑，也就是面对这个充满潜在敌意的世界时产生的无助感。该概念与精神分析法的研究毫不相关，后者起源于力比多理论。在精神分析法中，与之最相近的概念就是弗洛伊德称之为"真实"焦虑的概念。该概念也是对环境的恐惧，但它完全是与个体本能驱力相关的。其主要含义是：孩子如果追求被禁止的本能驱力，那么他将害怕环境用阉割或失去爱来惩罚他。

基本焦虑的含义比弗洛伊德的"真实"焦虑要宽泛得多。它认为环境作为一个整体令人感到害怕，因为它是如此不可靠、虚假、不懂得欣赏、不公平、不公正、吝啬和残

---

[1] 卡伦·霍妮《我们时代的神经症人格》第三到第五章。

忍。根据这个概念，一个孩子不仅会因为内心产生了禁忌的驱力而害怕受到惩罚或遭受遗弃，还会感到整个环境对他的成长以及他最合理的期许和追求都是一种恐吓，他感到自己的个性被抹杀、自由被剥夺、幸福被阻拦。与被阉割相比，这种恐惧不是幻想，而是现实生活中的真实存在。在一个产生基本焦虑的环境里，孩子不能自由发挥精力，他的自尊和自立受到破坏，威胁和孤立慢慢导致了恐惧，在暴虐、准则或者过度的"爱"中，他的开朗和坦率被抹杀。

另一个基本焦虑的本质因素是孩子变得很无助，他没有足够的力量来面对侵犯。他不仅在生理上无助[1]，需要依靠家庭，还每每在自我主张时受到打击。他通常非常害怕表达自己的不满或指责他人，但他若真这么做，又会感到很内疚。受抑制的敌意导致了焦虑的发生，因为这种敌对的情绪一旦发泄到一个他所依赖的人身上，就会变成一种危险。

面对这些情况，孩子会倾向于产生一定的防御态度，也有人说这是策略，这样一来，他就可以应对这个世界，同时还可能获得满足感。他会持什么样的态度完全取决于整个环境中的综合因素：不管他是掌控、顺从、谦逊，还是封闭自己并筑起壁垒以防私人领地受到侵犯，这些都将取决于在现实当中哪种方式更接近他或者哪种方式最容易获得。

尽管弗洛伊德把焦虑视为"神经症的核心问题"，他还是没能意识到应该把焦虑无处不在的作用看作追求某种目标的动力。在认清了焦虑的角色之后，挫折的角色也就逐渐明朗了。显而易见，我们接受起挫折来不仅要比弗洛伊德猜测

---

[1] 在神经分析文献中，无助仅为单方面强调。

的更容易，甚至只要它能提供安全的保证，我们还会喜欢这种感觉。

在这种情况下，为了方便理解，我需要引用新的名词，我认为那些用来追求安全感的力量应称为"神经症倾向"。在很多地方，神经症倾向与弗洛伊德认为的本能驱力和"超级自我"相一致。弗洛伊德将"超级自我"视为各种各样的本能驱力的复合，而我却认为它首先是安全手段，也就是说它是追求完美主义的神经症倾向；弗洛伊德认为自恋或者受虐驱力的本质都是本能，而我则认为它们是朝向自我膨胀和自我贬低的神经症倾向。

将弗洛伊德的"本能驱力"与我的"神经症倾向"等同起来，好处在于比较他和我的观点时不会特别困难，但是我们也要考虑到这种对比从两方面来说是不准确的。根据弗洛伊德的观点，所有带有敌意的侵犯都是性本能所致。但是我却认为，只有在神经症病人感到通过侵犯才能获得安全感的情况下，侵犯才是一种神经症倾向，否则，我不会将神经症中的敌意视为神经症倾向，而仅将其视为对这种倾向的反应。比如，自恋的人之所以会产生敌意，是因为别人不认可他的自夸，所以他才会做出带有敌意的反应。而对于有受虐倾向的人，当他觉得被虐待或者期待复仇成功时，他的反应就会呈现出敌意。

另外一个不准确的地方已经不证自明。通常意义上，性不是神经症倾向而是本能，但是性驱力也一样带有神经症倾向的色彩，因为许多神经症病人需要靠性满足（手淫或者性交）来释放焦虑。

艾瑞克·弗洛姆提出，驱力的本质是本能的，这是一种更加全面的解读，[1]其所基于的假设是：与深入理解人格及人格障碍有关的特殊需求在本质上并不是本能的，而是由我们生活的整体环境产生的。弗洛伊德并没有忽略环境的影响，但他仅仅将环境视为塑造本能驱力的因素。我在上述观点中将环境及其复杂性置于核心地位。在所有环境因素中，与性格的形成最为相关的因素是儿童成长时所面临的人际关系类型。对于神经症患者来说，这意味着他们的冲突倾向在根本上都是由人际关系紊乱造成的。

综上所述，以上观点的最大差异在于：弗洛伊德将神经症患者不可抗拒的需求视为本能或者它们的衍生物，他相信环境的影响仅仅局限于将本能驱力塑造成某种形式或者给予其特殊力量。基于我所描述的概念，我却认为那些需求不是本能的，而是孩子在对抗艰难环境时产生的需求。弗洛伊德将它们的力量归结为基本本能因素，而我认为，这些力量是个人获取安全感的唯一途径。

---

[1] 对于该问题，他在一些讲座中已经阐明，特别是在有关社会问题的讲座上，他在一份未出版的手稿中也对此进行了阐述。

第四章　俄狄浦斯情结

　　关于俄狄浦斯情结，弗洛伊德认为它是一种对父母一方有着性吸引同时又对另一方有着嫉妒的情结。尽管就个体来说，这是由父母对孩子生理需要的照顾所引起的，但弗洛伊德认为这种体验是由生物学因素决定的，它的各种变化都取决于特定家庭环境中个人情意丛的总和。对父母产生的性欲会根据力比多发展的不同阶段而发生本质上的变化，它们在对父母的生殖器渴望中达到高潮。

　　假设这种状态由生理因素决定，并具有普遍性，这就需要另外两种假设来支撑该论点。对于为什么大多数健康的成年人并没有俄狄浦斯情结这一事实，弗洛伊德认为这是因为他们身上的情结被成功地抑制了，就像麦独孤指出的那样；[1]但对于那些不认可弗洛伊德关于情结的生物学本质这一观点的人来说，这个结论并没有说服力。此外，通过对母女或父子之间存在着紧密关系的发现，弗洛伊德认为同性的、异常的俄狄浦斯情结与异性的、常态的俄狄浦斯情结一

---

　　[1] 威廉·麦独孤《精神分析与社会心理学》（1936年）。

样重要，从而对这个概念做出了扩展；因此，同性纽带，比如说一个女孩对母亲的依恋，最终将会变成对父亲的依恋。

　　弗洛伊德坚信俄狄浦斯情结的普遍存在性是以力比多理论的假设为基础的，因此只要是能接受力比多理论的人，就应该同样接受俄狄浦斯情结的普遍性理论。正如之前所提到的，根据力比多理论，每段人际关系在根本上都是以本能驱力为基础的。

　　当该理论被应用于亲子关系时，我们可以得出以下几个结论：期望能像父亲或母亲一样的愿望是口腔合并的衍生物，对父母的依恋可能是强化的口欲组合的表现，[1]对同性父母的顺从可能是被动同性恋或者性受虐的倾向，而对同性父母的叛逆则很可能是与内心已有的同性恋渴望做斗争，更概括地说，任何对父母的感情或者温情都被视为目标抑制的性欲，当产生了一些被禁止的本能欲望（乱伦、手淫、嫉

----

　　[1] 引用奥拓·佛尼切尔的话："一个小女孩从还是婴儿起就被胃病困扰，为了治疗胃病，她一直都在用饥饿疗法，这就促成了她强烈的口唇欲。在生病之后的一段时间里，她养成了喝完牛奶就把奶瓶摔到地上并把它打碎的习惯。根据观察，我认为她是这么想的：一个空瓶子对我来说有什么用处？我想要一个满满的瓶子！作为一个孩子，她算是比较贪心的。口唇期固着也表现在她对失去爱的强烈恐惧和对母亲的强烈依恋。因此，当妈妈再次怀孕时，3岁的她感到非常失望。"［奥拓·佛尼切尔《窥阴癖本能与认同》，摘自《国际精神分析期刊》（1937年）］。

　　报告中暗含的假设只能是，对母亲的极度依恋、对失去母爱的恐惧、发脾气以及对母亲的憎恨都是由强化后的口唇期力比多所导致的，所有那些我认为相关的因素都已经被忽视了。饥饿疗法在此至关重要，它使孩子的注意力集中在食物上，但首先我想了解这个母亲是如何对待她的孩子的。据我推测，母亲的对待方式使小女孩产生了强烈的焦虑和敌意，导致她更加渴望得到关爱，得到无条件的爱，继而产生了强烈的嫉妒心和对于被拒绝、被抛弃的恐惧。此外，我认为乱发脾气和破坏性幻想所表现出来的敌意，一部分是因母亲而产生的敌意表达，另一部分是由于对爱的占有欲得不到满足而产生的愤怒表达。

妒），就会害怕受到惩罚，那些预想中的危险就会阻止生理上获得满足（害怕被阉割、害怕失去爱）；最后一点，对父母的敌意如果与本能驱力受到的挫折无关，就会被理解成对性别对抗的根本表达。

每一种父母与孩子的关系都会呈现出一定的感情或态度，在任何人类关系中都是如此。对于能够接受性欲理论前提的人来说，这种关系充分证实了俄狄浦斯情结的普遍存在。毫无疑问，那些后来患上神经症或精神病的人，可能都与父母有着亲密的关系，不论这些关系是否与性有关。弗洛伊德的功劳在于，尽管在这方面存在着一些社会禁忌，但他还是认识到了这一点及其带来的影响。但是，孩子对父母产生的固着究竟是出于生理原因还是由某些可描述的环境因素导致，这个问题仍然有待考证，我坚信后者是正确答案。引发对父母一方强烈依恋的环境条件主要有两组，它们不一定有关联，但都是由父母引起的。

其中一组，简单地说，就是由父母激起的性刺激，这可能会出现在父母对孩子的不恰当性接触中，也可能出现在带有些许性色彩的爱抚中，或者出现在温室一般的情感氛围中，这种氛围可以是笼罩着全体家庭成员的，也可以是只接纳某些家庭成员，而排挤另一些被认为带有敌意的家庭成员。根据我的经验，这些父母的态度不仅仅是由他们在情绪上或性欲上的不满导致的，而且还有其他更为复杂的原因。在此，我不愿对其做过多的阐述，否则就过于偏题了。

另一组情况在本质上是完全不同的。在上一组因素中，存在着对于刺激产生的纯粹的性回应；而第二组因素，则与孩子或自发或应激所产生的性欲望没有任何联系，而是关乎焦虑。我们后面会看到，焦虑是各种冲突倾向或需求的结果。导致孩子焦虑的典型冲突在于，对父母的依赖（当孩子感到受到孤立和恐吓时，这种感觉就会加重）和对父母的敌对冲动之间的冲突。孩子产生敌意的方式有很多：感觉父母对其不够尊重，需要面对各种无理的要求和禁忌，受到不公正的对待，失去依靠，受到批评的打压，父母以爱之名对其进行操控，父母为了出人头地或实现他们的野心而利用孩子。如果一个孩子，除了依赖他的父母之外，还会受到他们或明显或轻微的威胁，那么这个孩子就会感到，任何针对父母的敌对冲动都会削弱他的安全感，因此这类敌对冲动就会引发孩子的焦虑。

　　有一种减轻焦虑的办法是依靠父母当中的一方，孩子一旦找到任何让他获得可靠情感的机会，他就会去做。这种出于纯粹的焦虑而产生的对一个人的依赖，很容易跟爱混淆在一起，而且在孩子看来，这就是爱。这与性色彩没有什么必然的联系，但又很容易带上这样的色彩。它的确呈现出了一种对情感的神经质需求（这种情感需求是由焦虑决定的）的所有特征，就像我们在成人神经症病人身上看到的那样：依赖、不满、占有欲、嫉妒那些干扰他或可能干扰他的人。

　　如此一来，结果就会呈现出弗洛伊德所描述的俄狄浦斯情结：对父母一方有着强烈依恋，对另一方表示嫉妒或嫉妒那些妨碍他独占感情的人。经验告诉我，绝大多数婴儿特有的对父母的依恋，与在对成年神经症病人的分析回顾中所发现的依恋一样，属于同一类症状，但是这些依恋的动力结构与弗洛伊德所坚信的俄狄浦斯情结截然不同。与其说它们主要是性现象，不如说它们是神经症冲突的早期表现。

　　将这种情况与主要由性刺激引起的对父母的依恋相比，我们发现它们有几处显著不同。对于由焦虑引起的依恋而言，性因素并不重要；它有可能发生，但也有可能完全消失。在乱伦的依恋情感中，目标是爱，但如果依恋是由焦虑引起的，主要的目标则是安全感。因此，在第一种情况里，依恋发生在父母当中引起爱或性欲的一方；而在第二种情况中，依恋发生在父母当中享有权威或令人敬畏的一方，因为赢得他/她的感情就意味着赢得最强有力的保护。在后者这种情况下，如果一个女孩将以前对专横母亲的依恋态度转移到了她与丈夫的关系中，这并不意味着丈夫取代了母亲的角色，而是出于一些有待分析的原因，这个女孩仍然感到非常焦虑，并希望能用儿童时期的办法来减轻焦虑，所以她现在开始依恋自己的丈夫，而不是依恋母亲。

　　这两组对父母的感情依恋都不是生物学上的现象，而是对外界刺激的一种反应。俄狄浦斯情结不具有生物学上的本质，这个论点似乎已被人类学家观察验证过了。研究表明，这种情结的产生源于家庭生活中的一系列因素，比如父母的权威性、家庭的隔离、家庭成员的多少、性禁忌以及类似的因素。

　　还有一个问题亟待解决：在"正常的"情况下，即没有受到刺激或焦虑的特别影响时，是否还会对父母产生自发的性欲感情呢？我们的知识仅限于患有神经症的孩子和成年人。但我还是倾向于这样一种观点——没有什么很好的理由可以证明，为什么天生具有性本能的孩子不应对父母或兄弟姐妹产生性倾向的情感。然而，值得质疑的是，如果没有其他因素的影响，这些自发的性吸引是否能达到弗洛伊德所描述的俄狄浦斯情结那种强度——性渴望强烈到引起相当厉害的嫉妒和恐惧，只能靠压抑来削减它们。

　　俄狄浦斯情结理论在很大程度上影响了现代教育。从积极的方面来说，这可帮助父母认识到，过于激发孩子的性意识、过度放纵、过度保护和谈性色变都会给孩子带来长久的伤害。从消极方面来看，它导致了一种错觉，让人们觉得只要能够适当唤起孩子的性意识、不严禁自慰、不打孩子、避免让他们看到父母性交以及不让他们太过于依恋父母，就已经足够了。这些片面的建议是危险的——就算严格遵守了这些原则，也会为将来患上神经症埋下隐患。为什么？对这个问题的回答跟回答"为什么精神分析治疗不太成功"是一样的：很多跟孩子成长密切相关的因素都被看作不重要的，因此没有给予它们应有的重视。我想，这类父母应持的态度是：要真正对孩子感兴趣，真正尊重、关心孩子，并且具有可靠和真诚的品质。

　　然而，片面性指向所带来的危害也并没有想象中的那么严重。至少对教育家提出的精神分析性建议是合理并易于实施的，因为它们主要是要避开某些具体的错误。但是那些涉及更多重要因素的建议，就像我之前提到过的、能创造更有利于孩子成长的环境的那些因素，因为它们会改变孩子的性格，所以实施起来要困难得多。

　　俄狄浦斯情结之所以重要，是由于它被认为会对未来的人际关系产生影响。弗洛伊德认为，人对他人所持的态度都是俄狄浦斯情结的不断重复。比如说，一个男人对另一个男人的蔑视态度，表明他正在逃避对自己父亲或者兄弟产生的同性恋倾向；一个女人如果不能发自内心地爱自己的孩子，那么这意味着她与自己的母亲是同一类人。

这些研究中具有争议的地方将与强迫性重复理论一同讨论，在此我仅指出：如果我们未能证实对父母的乱伦依恋是孩提时代的正常现象，那么将成年之后的性格怪癖视为对婴儿时期乱伦依恋愿望的反应，这种解读的有效性就值得怀疑。此类解读实际上是为了印证一种观点——俄狄浦斯情结常常发生并且具有非常强大的后效作用，但我们由此找到的证据其实来源于循环论证。

如果我们抛弃该理论的理论内涵，那么剩余的观点就不再是俄狄浦斯情结，而是具有高度建设性的研究——早年经历中人际关系的总和以不可低估的力量塑造了人的性格。一个人长大后对他人的态度，并不是婴儿时期的重复，而是由早在童年时期就已打下基础的性格结构导致的。

第五章　自恋的概念

精神分析法文献中所提到的"自恋"涵盖了许多不同的现象，它们包括虚荣心、自负、追名逐利、渴望得到爱却没有能力爱别人、不合群、正常的自尊、追求完美、创造欲、对健康、外表和智力水平的密切关注。因此对于临床上的自恋概念，我们很难有一个精确的定义。上述所有现象都有一个共同点，那就是关注自己或者仅关注与自己有关的态度。之所以产生这种让人迷惑的现象，是因为该术语在使用时仅限于其发生学意义，用以说明产生上述现象的根源就是自恋力比多。

与含糊不清的临床概念不同，自恋在发生学上的定义是很清晰的：自恋的人实际上只爱自己。格莱高力·兹柏格指出："'自恋'这个术语，并不是我们所认为的仅仅是自私或者以自我为中心的意思；它特指一种心理状态，一种自发的态度，在这种状态下，个体恰好只选择自己而非他人作为施爱的对象。不是说他不爱或者憎恶其他人，也不是说他希望所有的东西都属于自己，而是他内心只爱他自己，总是到处寻找可以映射出自己形象的镜子，然后倾慕自己，追求自己。"[1]

　　该概念的核心就是一种假设，假设只关注或过度重视自己的表现是一种自我迷恋。弗洛伊德指出：当我们迷恋某人时，不就是这样对他的缺点忽略不计，而高度评价他的优点吗？因此倾向于自我关注或过度重视自己的人毫无疑问会深深地爱着自己，该假设与力比多理论是相一致的。在此基础上，确实可以得出以自我为中心就是自恋的结论，正常的自尊和追求完美是其去性化后的衍生物。但是，如果我们不接受力比多理论，这种假设就仅仅是一种武断的观点。[2]实际上，只有极少数临床案例可以印证这一点，大部分都无法证明。

　　如果不从发生学的角度进行考虑，而是从自恋的实际意义来看，那么我认为它在本质上指的就是自我膨胀。心理上的自我膨胀，就像经济里的通货膨胀一样，意思是表现出来的价值比实际价值要高。这意味着个人会因为自身的价值而热爱并倾慕自己，但他所认为的自身价值其实并没有充足的依据。[3]同样地，他也期待别人能够爱与仰慕那些他自身根本没有，或者不如他想象中程度那么高的品质。根据我给出的定义，如果一个人珍惜他真正拥有的品质或者他希望别人也珍惜这些品质，那么他就不是自恋。这两种倾向——自视过高和极度渴望别人不恰当的倾慕，是不可分离的。它们常

---

[1] 格莱高力·兹柏格《孤独》，摘自《大西洋月刊》（1988年1月）。

[2] 参见迈克尔·巴林特《自我的早期发育阶段》，摘自《潜意识中的偶像》（1937年）。

[3] 这里的重点是依据不够充足。一个人对自己和他人所呈现的幻想图景并不一定都是不切实际的，而有可能是对他实际所拥有的潜力的夸张描写。

常发生，尽管在不同的类型中，往往是其中一个占主导。

人们为什么要夸大自我呢？如果我们对那些倾向于本能根源说的、推测性的生物学答案不满意，我们就必须找到其他答案。因为在所有的神经症案例中，我们发现病人与其他人的人际关系存在根源性障碍，正如我们在前面的章节中所提到的，这种障碍早在孩提时代就因环境因素的影响而开始形成。[1]产生自恋倾向的最基本的因素是：孩子由于悲伤和恐惧而远离他人。他跟其他人的积极关系纽带变得不堪一击，他失去了爱的能力。

这样的不利环境也会导致他对自己的感觉障碍。在更严重的情况下，这不仅仅会伤害他的自尊，还会完全压抑个人的自发性自我。[2]导致这一后果的各种原因如下：父母永远都是正确的、是不容置疑的权威，孩子为了和父母和平相处只能选择完全迎合他们的标准；那些自我牺牲的父母给孩子造成一种印象，使孩子认为自己没有权利为自己而活，而应该为父母而活；如果父母把自己的抱负转嫁给他们认为天才的儿子，或者转嫁给他们认为公主的女儿，孩子就会感到父母只爱那些想象中的品质而不是爱自己本人。不管上述原因是如何呈现的，孩子为了让父母喜欢自己或接纳自己，就不得不努力变成父母所期待的样子。这些父母完全把自己的思想强加于孩子身上，由于恐惧，孩子不得不顺从父母的意愿，因此逐渐地失去了詹姆斯所称的"真我"。孩子自己的

---

[1] 参见第三章《力比多理论》和第四章《俄狄浦斯情结》。

[2] 艾瑞克·弗洛姆在关于权威的讲座中，首次指出失去自我对神经症的影响。另外，奥托·兰克的意志和创造性的概念里似乎也包含着类似的因素。参见奥托·兰克《意志治疗法》（1936年）。

意愿、希望、感受、好恶和悲伤等都变得麻木了。[1]因此他们便慢慢地失去了正确评估自身价值的能力，他开始变得依赖他人的看法。如果有人认为他很坏或者很笨，那么他就是很坏或者很笨；有人命令他变聪明，他就会变聪明；有人认为他是天才，那么他就是天才。对于我们大部分人而言，自尊心多多少少也依赖于别人的评价，可这个孩子的自尊却是完完全全地依赖于别人的评价。[2]

这样的情况之所以会发生，也有其他原因。比如说直接打击孩子的自尊心、父母时常贬低孩子，使他认为自己一无是处；父母对其他兄弟姐妹的偏心使他的安全感岌岌可危，因此他想要尽全力脱颖而出，这些因素都直接伤害了孩子的自信、自强和创造能力。

在这种压抑的生活环境下，孩子有几种应对的方式：暗地里对抗性地遵守规则（"超我"），令自己表现得谦逊并依赖他人（受虐倾向），自我膨胀（自恋倾向）。选择什么样的方式或者主要选择哪种方式，取决于当时各种情况的集合。

一个人能从自大中获得些什么呢？

他通过幻想把自己塑造成杰出人物，来逃避自己一无

---

[1] 斯特林堡在他的一个童话故事《没有自我的犹八》[《童话寓言》（1920年）]中也描述过这一过程。一个男孩生来就有坚强的意志，与其他的男孩子相比，他早早地就开始用第一人称说话。但是他的父母却告诉他，他没有自我。当他长大些，他说我会有的。但是他的父母又告诉他，他没有意志。因为他有强烈的意志，所以听到这些说法他很惊讶，但还是接受了。当他长大后，他的父亲问他想做什么，他却不知道该怎么回答，因为他的意志已经被禁锢了。

[2] 按照威廉·詹姆斯的解释，他所依赖的是"社交自我"："一个人的社交自我就是别人对自己的认同。"

是处的痛苦。不管他是否会有意识地将自己幻想成王子、天才、总统、将军、探险家，又或者只是意识到了他对自己的重要性有一种不可言状的感觉，他都可以完成他的幻想。他越是远离人群，不仅远离他人甚至也远离自己，就越是容易实现这种心理现实。这并不是说他像精神病患者一样抛弃现实，而是现实变成了临时性的角色，就好像一个基督徒，他希望他真正的生活能在天堂开始。他对自己的定义替代了受损的自尊，它们变成了他的"真我"。

在他自己创造的幻想世界里，他把自己塑造成英雄，同时安慰着那个没人爱没人欣赏的自己。对于其他人排斥他、看不起他、不爱真实的他，他认为那是由于他太高深莫测而别人对他无法理解。我个人的理解是，这种错觉的作用远大于给予他隐秘的、替代的满足感所产生的作用。我常常想，它们是否真的能解救那些完全崩溃的个人，所以，它们是否真的是救命稻草呢？

最后，自我膨胀其实是人们对于在积极的基础上与他人交往的尝试——如果他人不爱慕或者不尊重那个真实的他，他们至少应该重视和倾慕他。这是一个间接的过程，对爱的获取变成了对仰慕的获取。此后，他如果不能获得倾慕，就会感到不安，他无法理解为什么友谊和爱会包含客观的甚至是评判性的态度。对他来说不对他盲目崇拜就不是爱他，他甚至会怀疑那是对他的敌意。他会根据别人的钦慕或者奉承来评判他人，对他钦慕的人是好人、是卓越的，反之就没必要与他交往。因此他的大部分喜悦来自于别人对他的钦慕，他的安全感也取决于此，因为这种钦慕带给他一种错觉，使他觉得自己很强大，这个世界很友好。这种安全感的基础并不牢靠，只要一出现问题，潜在的不安全感因素就会完全浮现。实际上，就算不出现问题也会产生相同的效果：对他人的钦慕就足以带来同样的效果。

个性特征倾向的特定组合由此而来，也就是我们所说的基本自恋倾向，这种发展取决于远离自己和他人的程度以及焦虑的严重程度。如果早期的经历不是那么举足轻重，而后期环境又比较有利，这些基本倾向就会趋于消失。反之，它们会通过三个主要因素得到加强。

其中一个是渐增的低效率。对倾慕的追求可发展为对成功的强有力的助推，或者发展出一些为社会认可或受世人尊敬的高贵品质，但是也存在一定的危险性，个体在做任何事情时都得考虑对他人产生的效果。这种类型的人在选择女人时，不会在意这个女人本身的魅力，而会关心征服她是否能使自己感到快乐或为自己赢得声望。创作一件作品不是为了它本身，而是因为它能震撼人心。外表光鲜变得比物体的实质更重要，像浅薄、浮夸和投机倒把之类的危险将会扼杀个体的生产能力。就算个体能以这样的方式赢得声望，他也知道这不会持久，还会隐约感到不安，但又不明白为何不安。唯一能消除不安的方法就是加强自恋倾向：追求更多的成功以及增加更多关于自己的膨胀形象。有时候，他拥有一种难以理解的功能，他能把缺点和失败都说成是光芒万丈的东西。如果他写的作品不受欢迎，那是因为它们过于超前；如果他跟家人或者朋友合不拢，那也是由他们的缺点造成的。

另一个促使个体基本自恋倾向增长的原因是，他对整个世界的期待值过高，好像所有人都在亏欠他。他认为就算不用提供什么证据，别人也应该承认他是个天才；他不需要做什么事情，女人就会将他从万人中挑选出来。有时他内心也会感到困惑不已，比如，一个跟自己相熟的女人怎么会爱上别的男人呢。这种态度的个性特征就是，自己不需要主动付出就可以获得别人的奉献或赞美。这种特殊类型的期待是受到严格决定的，这所有的一切都在情理之中，因为他的自发性、独创性和主动性已经受挫，因为他害怕别人，那些原来促使他自我膨胀的因素也麻木了他的内心活动。因此，他内心的坚持告诉他，只有通过别人才能实现自己的期许。[1]对于这个过程，人们还未意识到其意义，但它引出了强化自恋倾向的两种方式：通过强调自己宣称的价值来证实对他人提出的要求是公正的；而为了掩盖他那不切实际的期待必然带来的失望，他不得不再三强调他所宣称的价值。

　　最后一点导致基本自恋倾向的源头是人际关系的持续恶化。个体对自己的错觉和他对别人的特殊期待肯定都会使他变得脆弱，因为这个世界并不认可他心理的诉求，他常常感到受伤，因此对别人产生了更多的敌意，变得更加离群，这种情况一而再再而三地重演，最终导致他只能在自己的幻想中顾影自怜。他把不能实现自己幻想的失败归咎于他人，所以对别人的怨恨也日渐增多，这就导致他养成了某些通常被认为"道德上不允许"的习惯：利己主义、憎恶、猜疑，如果别人不宠着他，他就要冷落他们。但是这些特点与他的自视甚高的观念相左，他的弱点已远远超过普通人所具有的弱

---

　　[1] H. 舒尔茨·汉克曾在《命运与神经症》（1931年）中指出这种过程对于神经症的重要意义。他声称任何一种神经症的基本过程都可简洁地分为恐惧、惰性和过分的要求。N. L.比利斯坦在他的文章《述情障碍》［摘自《神经学和精神病学档案》（1936年）］中强调了对他人提出不合理要求以及希望不劳而获的重要性。

点，因此他必须将这些弱点掩盖起来。要么压抑它们，乔装打扮之后再出现，要么就干脆否认所有的弱点。[1]因此自我膨胀起到了掩盖现有缺陷的作用，这与一句格言不谋而合：毫无疑问，像我这样的杰出人物，身上是不可能存在这种缺点的。

为了理解这两种显著的自恋倾向的差异，我们必须考虑两个主要因素。其中一个是，自恋倾向的人在现实中追逐钦慕幻觉或者只在幻想世界里有这样的追求达到了何种程度；这种差异归根结底是源头上的定量因素，简而言之，即个体精神崩溃的程度。另一个因素是自恋倾向与其他性格倾向融合的方式，比如说，它们可能与完美主义倾向、受虐倾向[2]和施虐倾向相互缠绕在一起。这些不同性格倾向之间频繁地互相渗透是因为它们有类似的根源，它们是为了解决相似的不幸而产生的不同解决方案。在精神分析文献中，许多归咎于自恋的矛盾特质，导致我们在一定程度上没有认识到自恋只是人格结构中的一种特殊倾向，只是一种给人格特征抹上特定色彩的倾向组合。

自恋倾向也可能与离群倾向相结合，这种倾向是精神分裂症病人的特征。在精神分析文献中，逃避人群的人被视为天生就有自恋倾向；但是，虽然在感情上疏远人群是自恋倾向固有的现象，但逃避人群不是。相反地，一个有明显自恋倾向的人虽然没有能力去爱别人，但却需要人群作为倾慕和

---

[1] 由自我膨胀导致的压抑，看起来要比那些由完美主义追求引起的压抑轻微一些（参见第十三章《"超我"的概念》）；通常情况下，与个体自我膨胀形象不符的倾向都会遭到否决或加以粉饰。

[2] 参见弗里茨·维特斯《受虐狂的秘密》，摘自《精神分析评论》（1937年）。

支持的来源。因此，在这些情况下，解读自恋倾向与离群倾向的结合要更准确一些。

自恋倾向在我们的文化情境中很常见。人们常常感到没有能力获得真诚的友谊和爱情，他们以自我为中心，也即他们只关心自己的安全感、健康、认同感；他们缺少安全感，并且高估自己的重要性；因为他们依靠别人来评价自己，所以他们对自己的价值缺乏判断，这些典型的自恋特征不仅仅局限于患有神经症的人。

弗洛伊德通过生物本源的假设来解释这些倾向出现的频率。这种假设再次证实了弗洛伊德对本能概念的坚持，但也同样反映了他总是忽略文化因素的坏习惯。实际上，这两组导致自恋倾向的因素在我们的文化中也发挥着它们的影响。很多文化因素都会给人们带来恐惧和敌意，导致人们互相疏远。还有很多普遍的影响会阻碍个体的自发性，比如说情绪、思维和行为的标准化，以及人们经常以貌取人而不看重他人真实的本质。此外，对于声望的追求成了克服恐惧和内心空虚的工具，这显然也是一种文化现象。

综上所述，弗洛伊德教会我们怎样观察[1]自大和以自我为中心的现象，我们可据他的观点给出不同的释义。我认为"本能就是根源"这一假设阻碍了我们去理解个体特征倾向对于性格的重要意义，不仅是在这个问题上，在其他的心理问题上也是一样。我个人认为，自恋倾向不是从本能中衍生

---

[1] 西格蒙德·弗洛伊德的《论自恋：导论》[《论文集》第四卷（1914年）]。也可参见欧内斯特·琼斯的《基督情结》[《国际精神分析期刊》（1913年）]。以及卡尔·亚伯拉罕的《神经症反抗精神分析法的特殊形式》[《国防精神分析期刊》（1919年）]。

的，而是一种神经症倾向，在这个案例中，它试图通过自我膨胀来应对自我与他人。

弗洛伊德认为普通的自尊和自大都是自恋现象，不同之处仅仅是数量上的差别。我个人认为，无法清晰地区分这两种态度使得这个问题更加扑朔迷离，自尊和自我膨胀之间的区别不在于数量而在于质量。真正的自尊取决于人们实际拥有的品质，而自我膨胀意味着对自己和他人展现没有真实基础的品质或成就。如果出现其他情况，再加上与个体的自发性相关的自尊和其他品质受到阻碍，自恋倾向就会产生，因此，自尊和自我膨胀是互相排斥的。

最后，自恋的表现不是自爱，而是对自己的疏离。更简单地说，一个人如果依赖对自己的幻觉，那是因为他已经迷失了方向。这就说明爱自己和爱他人之间并没有关联，与弗洛伊德的观点不同。但是，基于弗洛伊德在本能第二理论中提出的自恋和爱的二元论，如果不考虑其理论含义，那么这个理论其实包含着一个古老而重要的真相。简而言之，任何以自我为中心的行为都会降低对其他人的兴趣，这就削弱了爱人的能力。但是，弗洛伊德在他自己的理论中还指出了其他内涵。他认为自我膨胀倾向是由自爱产生的，他还认为，自恋的人之所以不会爱人是因为他太爱自己了。弗洛伊德认为自恋就像一个水库，因为爱自己太多，已经将水库的水抽干，所以便无力再爱他人（即把力比多给予别人）。我个人认为，一个自恋的人不仅在疏远别人，也在疏远自己，因此在某种程度上，他没有能力爱自己，也没有能力爱其他任何人。

第六章　女性心理学

弗洛伊德认为人的心理怪癖和两性障碍都是由双性倾向造成的。简单地说，男性的很多心理障碍可以归因于对自身女性倾向的排斥，而一些女性的心理怪癖则来自根植于内心的想要成为男性的愿望。在上述思想中，与对男性的心理分析相比，弗洛伊德对于女性心理的分析要更加详细，因此我们只讨论他的女性心理学观点。

根据弗洛伊德的分析，一个小女孩在成长过程中最令她苦恼的发现是别人有阴茎而自己没有，"这一发现会成为这个女孩人生的转折点"[1]。对此，她的反应就是真诚地希望自己也能拥有阴茎或长出阴茎，伴随着她的还有对那些拥有阴茎的幸运儿的嫉妒。正常情况下，阴茎嫉妒不会像这样持续发展；在意识到这种缺失是一个不可改变的事实之后，小女孩的愿望会由拥有阴茎转变为拥有孩子，"拥有孩子是对

---

[1] 西格蒙德·弗洛伊德《精神分析引论新编》（1933年），"女性心理学"章。以下关于弗洛伊德观点的论述主要以此为基础。

其身体缺陷的一种补偿"[1]。

　　阴茎嫉妒最初仅仅只是一种自恋现象。与男孩相比，因为自己的身体不够完整，女孩感觉自己受到了冒犯，但这在对象关系中也存在着根源。根据弗洛伊德的分析，无论男孩还是女孩，母亲都是其第一个性对象。女孩对阴茎的渴望不仅是为了满足自恋式的自尊，还有对母亲的性的欲望，只要这种欲望是生殖性的，它就带有男性的特征。由于没有意识到异性相吸的基本力量，弗洛伊德提出了一个的疑问：为什么女孩要把这种性依恋从母亲身上转移到父亲身上？对于这种情感转移，弗洛伊德给出两种答案：一是由于女孩在潜意识把阴茎的缺失归咎于母亲，从而对母亲产生敌意，二是希望能从父亲那里获得这个器官。"毫无疑问，女孩性依恋的转移根本上还是对阴茎的渴望。"因此，在最开始的时候，无论是男孩还是女孩，都只知道一种性：男性。

　　阴茎嫉妒在女性的成长过程中会留下难以磨灭的痕迹，即使是最正常的成长，想要消灭这种痕迹也要付出巨大的努力。女性的一些最重要的态度或愿望，也都是从对阴茎的渴望中汲取能量。对此，弗洛伊德有一些重要的论点，简要列举如下。

　　弗洛伊德认为，对于女性来说，由于孩子可以延续她对阴茎的渴望，所以生男孩成为女性最强烈的愿望，一个儿子便象征着对女性这种愿望的满足。"唯一能够给母亲带来完全的满足感的，就是她和儿子的关系，她能够把自身所有被压抑的抱负转移给儿子，并从那里获得对于一直保留在内心

----

　　[1] 卡尔·亚伯拉罕《女性阉割心理的表现形式》，《国际精神分析期刊》（1921年）。

的男性情结的满足"。

怀孕期间，母亲象征性地拥有了阴茎（孩子象征阴茎），这种满足感让她感到愉悦，尤其是原本会出现的神经症障碍也因此减弱。当由于某种功能性原因造成推迟分娩，一般的猜测是母亲不想同象征阴茎的孩子分离。另一方面，母性是对身为女性本质的一种暗示，因此它可能会遭到排斥。同样地，在月经期间出现抑郁和恼怒的情绪也是因为月经是对身为女性本质的一种暗示，痛经常被归咎于父亲阴茎被吞没的幻想。

阴茎嫉妒最终会导致与男性关系的障碍。女人求助于男人，希望能得到一件礼物（象征阴茎的男孩），或者希望男人能帮助她们实现心中所有的抱负，如果男人辜负了她们的期望，她们也会轻易地背叛男人。女性有一些倾向，例如超越男性、贬低男性或者力争独立以漠视男性的帮助，这些都是女人对男性嫉妒的表现。在两性现象中，女人失去贞操后，就开始公然反抗女性角色；女人感到失去贞操就像被阉割一样，所以她可能会憎恨自己的性伴侣。

实际上，女人的特征基本上都与阴茎嫉妒有关。由于不像男人一样拥有阴茎，女人会自认为低男人一等，并轻视身为女人的自己。弗洛伊德认为，女人为了补偿自己没有阴茎的缺陷，往往会表现得比男人更虚荣。女人身上表现出来的谦逊，最终就是为了掩盖她在生殖器上的"缺陷"。女人性格特征中的羡慕和嫉妒也是由阴茎嫉妒直接导致，她产生嫉妒的倾向是因为"没有正义感"，"更喜欢属于男人领域的精神和职业爱好"[1]。实际上，所有女人的抱负和追求，在弗洛伊德看来根本上都是对阴茎追求的愿望。同时，亚伯拉罕指出，就算是有着特别女性化的抱负，比如说想成为最美的女人或者希望嫁给一个最有前途的男人，也是阴茎嫉妒的表现。

尽管阴茎嫉妒的概念与解剖学差异有关，但它与生理性思维还是存在冲突的。这就要求相当多的证据来证明，女人在生理上是女人的构造，在心理上却期待拥有异性的品质。但实际上能证实这个观点的证据少之又少，主要包括三个观察结果。

第一，有研究指出，小女孩常常表达想要拥有阴茎、长出阴茎的愿望。但是，没有理由认为，这种心愿比同样频繁出现的想要拥有乳房的心愿具有更重要的意义；此外，与这种对阴茎的渴望同时出现的，还有一种在我们的文化中被视为女性化的行为。

另外，研究还发现，一些女孩在青春期前不仅希望变成男孩，还希望通过她们男孩子气的举止来证实这一点。但是，我必须重申，我们的问题在于我们是否真的能根据它们的表面价值来判断这些倾向的真实性；当分析这些因素时，我们发现更有利的证据来证明女孩子希望有男子汉气概的愿望：逆反心理，对自己作为一个女孩不够漂亮而感到的绝望。实际上，女孩从小都是在十分自由的环境下长大的，这种行为已经不多见了。

最后，研究指出，成年女性也有可能想成为男人，这些

---

[1] 卡尔·亚伯拉罕《女性阉割心理的表现形式》，《国际精神分析期刊》（1921年）

愿望有时会很明确地表现出来，有时会在梦里通过阴茎或者象征阴茎的东西呈现；她们还可能轻视女性，或者因身为女性而感觉低人一等；阉割的倾向会有所流露，或者在梦中经掩饰或不经掩饰地表达出来。但是，对于后面观点的论证，尽管它们确有发生，但是并不像分析文章中所指出的那样频繁。同时，这些观点只适用于患有神经症的女人。最后，它们可以被赋予不同的解读，因此这类观点并不需要得到完全的证实。在对它们进行批判性的讨论之前，让我们先来理解弗洛伊德和其他很多分析家是怎样看待"阴茎嫉妒对女性性格的决定性影响"的明确证据的。

我个人认为，论证这种观点有两个主要因素。在理论偏向的基础上——这种偏向在某种程度上与现有的文化偏见相辅相成，分析家认为以下女性病人的倾向都是未经证实的潜在阴茎嫉妒：控制男人、斥责他、嫉妒他的成功、自己野心勃勃、自给自足、不接受帮助。我怀疑这些倾向有时候只是强加于阴茎嫉妒的观点上，并没有更多的证据。但确实，我们可以轻易地发现更多证据：同时埋怨女性功能（比如说痛经）或者性冷淡，或抱怨自己的兄弟更受父母青睐，或常常指出男人的社会地位所带来的特定优越性，或在梦里出现某种象征（一个女人手持棍子、切香肠）。

在审视这些倾向时，我们发现男性神经症病人和女性神经症病人都有这样的特点。想要发号施令、以自我为中心的野心、嫉妒和斥责他人都是时下神经官能症中从不缺席的因素，尽管它们在神经症结构中所扮演的角色有一定的区别。

此外，针对女性神经症病人的观察告诉我们，所有这些倾向不仅仅是针对女人或者小孩的，还包括男人。有一种很武断的说法：她们与别人的关系只是她们与男人关系的扩张。

最后，关于梦的象征问题，任何对男子汉气概的期望都流于表面，我们并没有深究其更深层次的意义。这种分析过程与传统的分析态度相左，其实它仅可以归结为理论上先入为主的主导力量。

另外一个佐证"阴茎嫉妒有着重要意义"论点的证据并不出自分析者，而是来自他的女性病人。一些女性病人对于"阴茎嫉妒是她们生病的根源"这种解释不以为然，而另外一些则很快接纳了这种说法，并从女性和男性的角色来讨论她们自己的难题，甚至出现顺应这种思维的梦境。这些病人并不是轻信他人之人，但凡有经验的分析师，都会通过分析病人是否顺从而易受影响，从而尽量减少由此带来的错误判断。就算没有分析师的暗示，有些病人也会自觉地将自己的问题从男性和女性的角度来分析，因为人们会自然而然地受到相关文献的影响。但是这也有一个更深层的原因，它解释了为什么很多病人乐意接受阴茎嫉妒这种解释：这些解释能够提供相对而言伤害较小和容易操作的解决办法。对一个女人来说，要解释为什么她在丈夫面前表现得那么不耐烦，她更容易接受——她可以说，这是因为她很不幸，天生没有阴茎，而丈夫却有。但让她们接受其他的想法却很难，比如，她们发展出了一种正义且完美的态度，这让她无法忍受别人的怀疑或反对。对于病人来说，相较于承认自己对环境提出了太多要求，以及一旦不顺意便会大发雷霆，她们更容易接受的说法是，自己一出生就要面对不公平的待遇。因此，分析家的理论性偏见与患者刻意回避自己真正问题的倾向可能是一致的。

如果想要拥有男子汉气概的愿望遮掩了她们心中被压抑的驱力，那么，是什么导致了她们以如此方式来表达呢？

我们首先分析一下文化因素。就像阿尔弗雷德·阿德勒所指出的，做一个男人的愿望，只是对于希望拥有文化中被认为具有男子气概的品质或特权的表达，比如说力量、勇气、独立、成功、性自由和择偶的权利。为了避免歧义，我将在此明确表示：我并不认为阴茎嫉妒仅仅象征着对我们文化中所认为的阳刚品质的向往。这显然是说不通的，因为没有必要压抑对这些品质的向往，因此也不需要任何象征性的表达。只有当心理倾向或感情被赶出意识时，我们才需要这种表达。

那么被"渴望拥有男子气概"所掩盖的是什么呢？受到压抑的真正追求是什么呢？这个答案并不是放之四海而皆准的，而是必须根据每个病人的情况和所处的特殊情境来分析。为了发现那些被压抑的真正追求，就不能以她身为女人而感到低男人一等的自卑倾向为基础来分析，不能仅仅只看这种倾向的表面价值；而应向她说明：每个人都隶属于一个少数群体或弱势群体，人们会倾向于利用这个身份来掩饰由其他各种原因所导致的自卑感，因此，找到其他导致自卑的原因对我们来说很重要。根据我的经验，最常见也是最可能的原因就是病人在现实生活中，无法实践她所持有的、虚浮膨胀的自我认知，而这些膨胀的自我认知又极其必要，因为它们帮助掩盖了各种各样不被承认的虚假和自夸。

另外，我们必须认识到一种可能性，她们对成为男人的渴望也许是一条帷幔，遮盖了她们被压抑的野心。神经症病人的野心可能是极具破坏性的，且自带焦虑症，因此她不得不压抑这种野心。其实无论男女都会这样，但由于文化环境的影响，一个女人内心的、受压抑的破坏性野心会以一种相对无害的象征形式来表达，即想要变成男人的愿望。精神分析的任务就是找到这种野心中的自我中心因素和破坏性因素，并分析是什么造就了这种野心，还要分析它对人格特征产生了何种影响——爱的抑制、工作的抑制、嫉妒竞争对手、自我贬低的倾向、害怕失败和害怕成功。[1]一旦我们解决了病人野心下所掩盖的问题以及她对自己过高的看法或期待，她就会马上打消想要成为男人的愿望，以渴望阳刚之气作为一个具有象征意义的帷幔来掩盖自己就是完全没必要的了。

简而言之，关于阴茎嫉妒的解读会阻拦我们正确理解一些基本困难，比如野心以及与之相关的整个人格结构。这些解读模糊了真正的问题，特别是对治疗角度而言，因此我是竭力反对的。同样，我还反对男性心理学中关于双性情欲重要性的假设。弗洛伊德认为在男性心理学中，与阴茎嫉妒相符的是"抗拒对其他男人所持有的被动或女性化的阴柔态度"[2]。他称这种恐惧为"拒绝女性特质"，还将各种问题产生的原因都归结于它。我却认为，只有那些需要将自己包装完美的人和极具优越感的人才会产生这些问题。

弗洛伊德提出过两个观点，它们彼此相关，且都与女性天生的特质有关。一个是女性化"同受虐倾向有着隐秘的联

---

[1] 参见卡伦·霍妮《我们时代的神经症人格》（1937年），第10—12章。

[2] 西格蒙德·弗洛伊德《可终止与不可终止的分析》。

系"[1]，另一个是女人内心对于失去爱的恐惧就好像男人对被阉割的恐惧一样。

海伦·朵伊契也详述过弗洛伊德的这个观点，并将其概括为受虐倾向是女性心理生活的基本力量。她认为女人在性交中的最终愿望就是被强奸和暴力侵犯，她在心理生活中的需要就是被侮辱；痛经对于女人来说很重要，因为它能实现她们的受虐幻想，分娩代表受虐满足的高潮。由于作为母亲可体会某种牺牲精神和对儿女的关怀，因此身为母亲的快乐就是一种旷日持久的受虐满足过程。根据朵伊契的理论，因为这些受虐追求，女人多多少少都会有性冷淡，除非在性交中她们被强奸或者感到被强奸、被伤害、被侮辱。[2]拉多认为女人期望有男子汉气概是为了抵抗女性的受虐追求。[3]

根据精神分析理论，性态度塑造心理态度，"受虐倾向有着特殊的女性化基础"这一观点有着极其深远的意义。这个观点假设所有女人，至少是大部分女人基本上都渴望成为顺从的和依赖的女人，"在我们的文化中女人的受虐倾向比男人要常见"这一印象成了支撑以上观点的佐证。但必须注意的是，这些有效的信息仅仅涉及患有神经症的女人。

很多患有神经症的女人认为性交是一种受虐，女人是用于满足男人兽性的猎物，因此她们必须做出牺牲，也因为自己的牺牲而变得低微，她们还有着性交导致身体受到伤害的幻想。一些患有神经症的女人还会有着分娩受虐幻想，很多

---

[1] 西格蒙德·弗洛伊德《引论新编》。

[2] 海伦·朵伊契《女人精神生活中受虐的重要性》（第一部分"女性化受虐与性冷淡的关系"），摘自《国际精神分析期刊》（1930年）。

[3] 山多尔·拉多《女人对阉割的恐惧》，《精神分析季刊》（1933年）。

患有神经症的母亲扮演着牺牲者的角色，还要不断强调她们为孩子做出了多少牺牲，这就证实成为母亲显然为女性神经症病人带来了受虐满足。还有一些患有神经症的女孩试图逃离婚姻，因为她们预见自己将会被未来的丈夫奴役和虐待。最后，女性的受虐幻想最终会导致她们拒绝接受自己的性别并想要成为男性角色。

假设女性神经症患者中受虐倾向发生的频率的确远远大于男性患者，那么这应该作何解释呢？拉多和朵伊契试图证明女性在成长中特有的因素决定了这一现象。我没兴趣讨论这些假设，因为这两位作者都认为，基本因素是女孩没有阴茎或女孩发现这一事实之后的反应。我认为这种设想是不正确的，实际上，我不相信能从女性发展过程中发现任何导致受虐倾向的特殊因素，因为所有这些假设与尝试都是基于"受虐本质上是性现象"这一前提。诚然，就像在受虐幻想和性变态中所表现的那样，性受虐确实尤为显著，并在第一时间就吸引了精神分析学家的注意。但是，我认为受虐并不主要是性现象，而是由人际交往中特定的冲突导致的结果，我在后面的章节会阐述这一观点。一旦受虐倾向产生，它会在性方面占据主导地位，就成了性满足的条件。从这点上来说，受虐并不是特定的女性化现象，因此那些试图从女性化发展中为受虐态度寻找特定因素的分析家们，当然无法完成任务。

我个人认为，我们不要从生物学角度分析，而要找到文化原因。那么，文化因素是否真的对女人产生受虐倾向起作用呢？对于这个问题的回答取决于人们认为受虐动力中最基本的因素是什么。简而言之，我认为受虐现象代表着人们想要通过依赖和弱化自己获取生活中的安全感和满足感。就像后面章节将要提到的，这种基本生活态度决定了个人解决问题的方式；比如，它导致个人可通过他人的弱点和痛楚来控制他们，通过受到折磨来表达敌意，通过生病来为失败找借口。

如果这些假设都是正确的，那么文化因素的确促进了女人受虐态度的形成。这些文化因素对上一代人的影响更为明显，但是其余波依旧渗透到了当代人的生活中。简单地说，这些因素包括：女性更强的依赖性，对女人弱点和柔弱的强调；认为女人天生就应该依赖别人，女人只有借助外力，比如家庭、丈夫、孩子，才能获得充实而有意义的生活。这些因素本身是不会引发受虐态度的。历史已经证明：女人可以在这些条件下感到快乐、满足和充实。但是，我认为此类因素导致了女性神经症发展过程中受虐倾向的广泛存在。

弗洛伊德认为女性的基本恐惧是害怕失去爱，这个观点隐含于一个基本假设之中——女性成长中存在着导致受虐倾向的特定因素。在所有特征中，受虐倾向意味着对他人情绪上的依赖，为了对抗焦虑、赢得安心，一个主要方式就是获取情感，所以害怕失去爱就是受虐特有的特征。

但是，对于我来说，相较于弗洛伊德的两个关乎女性自然属性的观点——阴茎嫉妒和受虐倾向的特定女性基础，最后一个论点就我们文化中的健康女性而言也有几分有效性。导致女性过度重视爱并害怕失去它的，是显著的文化因素而非生物学因素。

几个世纪以来，女性都无权承担社会经济和政治责任，仅被辖制于私人情感生活领域。然而，这并不意味着女性没有肩负任何责任，也不需要工作。她们的职责范围局限于家庭圈子中，因此仅以情感主义为基础，这与理性客观、就事论事的人际关系大相径庭。同时，在另一方面，我们一直认为爱和奉献是女性特有的理想和美德。此外，既然女性只能从她与男性和孩子的关系中获取快乐、安全和声望，那么爱就有着实际价值，这可以等同于在男性世界中任何与挣钱能力有关的活动。因此，不仅外界文化情境不鼓励女性去追求感情世界之外的东西，就连女人自己也认为这些追求是次要的。

因此，不仅是以前存在，现今在某种程度上仍然存在一个很现实的原因，解释了为什么在我们的文化里，女人总是高估爱的作用，并期望从中获得远远超出它实际能够给予的东西，这也阐明了为什么女性比男性更害怕失去爱。

这种文化情境使女性认为爱是生活的唯一价值，其中的含义也对理解现今女性特定性格的形成有一定的作用。其中一个是她们对衰老的态度：女人对年龄的恐惧及其含义。长久以来，女人仅可达到的成就都是通过男人来实现的，包括爱、性、家庭或者孩子。因此对于女人来说，取悦男人变得至关重要，故而女性对美貌和魅力的狂热追求至少在某些方面而言是有益的。但是与此同时，过分关注肉体情欲的吸引力又会带来焦虑，令她们担忧韶光逝去、美人迟暮。如果一个年近半百的男人感到恐惧或者情绪低落，我们就会考虑他有神经症问题，然而在一个女人身上发现这些问题却被认为是合情合理的——只要性吸引代表着独一无二的价值，那么它就是自然的。虽然年龄是所有人都需要面对的问题，但当永葆青春成为注意力的焦点时，它就会成为一个让人绝望的议题。

这种恐惧不只局限于担忧衰老会导致女性吸引力的丧失，还会使她的整个人生都笼罩在一片不安之中。这导致了母亲对青春期女儿的妒忌，它不仅破坏了她们之间的关系，还会使母亲迁怒于所有的女人。如此一来，女人就不能正确评估除了肉体吸引力之外的品质，比如说成熟、镇定、独立、自主判断和智慧。如果女人总是对自己日趋成熟的年龄持有一种贬低态度，认为这是在走下坡路，那么她对待自己人格发展的态度则远没有她对待感情生活时来得严肃认真。

女性把一切期待都寄托于爱，这在某种程度上导致了她们对自身女性角色的不满，弗洛伊德将此归因为阴茎嫉妒。就这一点而言，造成这种不满的原因主要有两种：其中一个原因是，在一种文化里，所有人际关系中都存在着障碍，人们很难从感情生活（在此我并不是指性关系）里获取快乐。另一个原因是，这种情境导致了自卑感。有时候，问题在于我们的文化中究竟是男人还是女人更加饱受自卑感的折磨。这些心理状态很难被准确测量，但是也有区别：男人之所以感到自卑并不是因为生而为男人，但是女人常常因为身为女人而感到自卑。就像我之前提到过的，我相信这种不足感与女性或娘气是无关的，但它却利用有关女性的文化内涵掩盖导致自卑感的其他原因，而其他原因从本质上而言，同时适用于男人和女人。因此，在文化上依旧存在着一些原因，致使女性的自信心极易受到干扰。

良好稳固的自信心是建立在广泛的人类品质基础之上的，比如创造力、勇气、独立、天赋、性魅力和掌控局面的能力。只要持家被认可为一项涵盖多重职责的任务，只要不限制子女的数量，女性就会感到自己也是推动经济发展的重要一环，如此一来，她良好的自尊就建立在了坚实的基础之上。然而，这种基础慢慢消失了，女性逐渐感到失去了她自身价值的根基。

就自信心的性基础而言，不论他人如何评估，清教徒式的影响通过赋予性欲以罪恶、低贱的内涵来贬低女性。因此，在男权社会里，女人注定会变成罪恶的象征，这在早期基督文献里是有迹可循的。这是非常重要的一个文化原因，解释了为什么女人至今仍然会认为性玷污了自己，使自己下贱，并因此降低了自尊心。

最后一个就是自信的情感基础。但是如果人们的自信建立在给予爱或接受爱，那么这种根基就过于狭隘和动荡——过于狭隘是因为它忽略了太多个人人格价值，而过于动荡则是因为它依赖太多外在因素，比如说寻找合适的伴侣。另外，这很容易在情感上过度依赖他人的赏识和喜爱，如果别人不爱或者不认同她，那么她就会觉得自己毫无价值。

就所谓的女性被赋予的自卑而言，弗洛伊德还算是发表了一番让人欣慰的评论："但是你不能忘记，我们所描述的女性，是仅就'她们的本质由性功能决定'而言的。这一点的确影响深远，但是我们更应当记住，一个女人首先是一个人。"我相信他真的是这么想的，但是人们更希望能看到这个观点在他的整个理论系统中占据一席之地。在弗洛伊德的最新的几篇关于女性心理学的文章里有几句话表明，相较于他早期的研究，他正在考虑文化因素对女性心理学的影响："但是我们一定不要低估社会习俗的力量，它将女人逼到被动的境地，这整个问题还是模糊不清的。我们不应忽视女性特质与本能生活之间的恒定关联，她们的攻击性所受到的抑制，也就是她们自身的生理构造和社会施予她们的压力，助长了她们强烈的受虐冲动，这些冲动将已经内化的破坏性趋向以一种性欲的方式捆绑起来。"

然而，弗洛伊德的研究具有生物学导向，因此他没有也不可能在他的前提基础上解释以上所有因素的重要性。他无法想象在何种程度上它们塑造了愿望和态度，也无法评估文化环境和女性心理学内在联系的复杂性。

我认为，大家都认同弗洛伊德关于两性生理结构和功能的不同会导致精神生活差异的观点，但是对这种影响的确切本质的思索并没有什么建设性意义。美国女人与德国女人不同，她们又都与普韦布洛的印第安女人不同，纽约的女人与爱达荷州农夫的妻子不同。特定的文化环境造就了特定的品质和能力，这一点对于男女皆适用，希望我们都能理解这一点。

第七章　死亡本能

弗洛伊德在他的第三个也是最后一个本能理论中放弃了"自我力比多"与"客体力比多"的二元论，取而代之的是他曾提出的力比多驱力和非力比多驱力的对比，但又有一个显著不同。弗洛伊德先前认为，自我保存驱力——"自我驱力"是性冲动的对应物，而现在，这个对应物变成了一个与之前完全对立的本能——自我毁灭本能。在其主要的临床意义上，该二元论即性本能（包括自恋和客体爱）与毁灭本能之间的对比。

在人类历史上，频频出现的战争、革命、宗教迫害、各种专制和犯罪等残酷行为都在告诉人们什么是破坏本能。这些事实让我们认识到人们需要一个出口来宣泄自身的敌意和残忍，并且不会放过任何一线可以释放的机会。此外，大量微小且原始的残忍行径在我们的文化中不断上演，剥削、欺骗、侮辱和欺凌弱小的事情每天都在发生。甚至在那些本应该充满爱和友谊的人际关系中，也常常是暗流涌动、敌意横行。弗洛伊德认为，只有一种人类关系不会混杂敌意，那就是母亲和儿子的关系。而实际上，这唯一的例外也只是一种痴心妄想，残忍和毁灭在我们的幻想中与在现实中一样强烈。即使我们只受到表面上的轻微冒犯，在梦中我们可能就已将对方撕个粉碎或者极尽凌辱。

最后，破坏性的欲望和行为并不仅仅只是针对别人，也有很多是针对自己。比如一些自杀行为，神经错乱者的严重自残，一般神经症病人可能也会有自虐的倾向，他们折磨、贬低、嘲弄自己，剥夺自己的快乐，对自己提出不可能完成的要求，并因为不能达到这些要求而严厉地惩罚自己。

弗洛伊德早先认为敌意的冲动和表现与性有关，它们在一定程度上是施虐的表现，即性欲中的一元驱力，在一定程度上又是对沮丧的反应或是对性妒忌的表达。后来弗洛伊德意识到，他的解释并不充分，还有更多的破坏冲动和行为与性本能有关。

"我知道我们总是能看到破坏本能的表现与色情纠缠在一起，内隐或外显于施虐与受虐之中，但是我不能理解我们如何能够对普遍存在的非性欲侵犯和破坏行为熟视无睹，而且我们在解读生活的过程中没有给予它应有的重视。" [1]

破坏本能独立于性的假设并没有给力比多理论带来根本性的改变，仅有的一个理论变化是，施虐和受虐不再被认为是完全的力比多驱力，而是力比多驱力和破坏驱力的融合。

如果破坏驱力在本质上是本能的，那么它们的器官基础是什么？为了回答这个问题，弗洛伊德利用他称之为推测的特定生物学考察方法来进行分析。这些猜测源自他关于本

---

[1] 西格蒙德·弗洛伊德《文明与缺憾》（1929年）。

能本质的概念和强迫性重复理论。根据弗洛伊德的理论，本能是由器官刺激引发的；它的主要目的是消灭这些刺激的干扰，并在刺激干扰之前重新建立一种平衡。弗洛伊德认为强迫性重复代表本能生活的基本原则，他将这种强迫理解为对早期经验或早期成长阶段的不断重复，无论这些经历愉悦与否。弗洛伊德确信，这一原则可能是对有机生命中一种天生倾向的表达——希望恢复到早期存在形式并最终回归于此。

从这些考察中，弗洛伊德得出一个大胆的结论：既然存在一个想要回归、重建早期阶段的本能倾向，既然无机物早于有机物、早于生命发展而出现，那么势必有一种内在倾向想要重组无机状态；既然非生命状态早于生命状态而存在，那么势必有一种朝向死亡的本能驱力——"向死而生"，这就是弗洛伊德得出死亡本能的理论方式。他相信生命有机体会因为内在因素而死亡这一事实，可以证明自我破坏本能驱力这一假设的存在。他在新陈代谢的分解代谢过程中，看到了这个本能的生理基础。

如果没有什么东西能与死亡本能相抵抗，那么我们保护自己免受伤害的行为就是不可理喻的，我们应该做的是去死而不是求生，也许自我保护的驱力不过是生命有机体想要自取灭亡的意志而已。但实际上，还是有与死亡本能相对抗的存在——生本能，而弗洛伊德认为其通过性驱力呈现出来。因此，以此理论为基础的基本二元对立，就存在于生本能和死亡本能之间。它们的有机体表征存在于生殖细胞和体细胞内，没有哪一个临床观察可以证实死亡本能是否存在，因为"它默默地在有机体内完成了分解"。我们能够观察到的，是生本能和性本能的融合。正是这种融合防止死亡本能毁灭我们自己，或者至少是延缓了这种破坏。最初，死亡本能与自恋力比多融合，而这些因素一起构成了弗洛伊德所说的主要受虐癖。

但是，与性本能的联合本身并不能阻止自我毁灭。如果要阻止一部分自我毁灭倾向，那么就不得不向外界求助。为了保护自己，我们不得不毁灭其他人。基于此推论，破坏本能就变成了死亡本能的衍生物。破坏驱力也可再次倒戈并表现为导致自我伤害的驱力：这就是受虐癖的临床症状。[1]第二个假设是，如果对外发泄的通道受阻，自我毁灭倾向就会增强。弗洛伊德观察发现，如果神经症病人日积月累的愤恨不能向外宣泄，他们就会折磨自己，他将观察到的这个事实作为证据以支撑后一假设。

尽管弗洛伊德自己也意识到，死亡本能理论只是建立在猜测上而已，也缺乏证据支持，但他仍然认为这种理论比以往的任何假设都要有意义得多。此外，它符合他对于本能理论的所有要求：这是二元论，对立的两方都有着有机基础，这两种本能和它们的衍生物似乎能涵括所有的心理表征。

更具体一点，对于弗洛伊德来说，死亡本能假设和它的衍生物——破坏本能——解释了神经症中出现的敌对性攻击，而这一现象用以前的理论是解释不通的。如果只运用力比多理论，猜忌、对他人敌意的恐惧、责骂、嘲弄地拒绝等一切行为，仍将无法得到解释。根据梅勒妮·克莱因和其他英国分析家的观察结果，早期破坏幻想的表象，似乎可以通过这个理论找到令人满意的根基。同时，令人困惑了许久的

---

[1] 西格蒙德·弗洛伊德《受虐狂的经济问题》，《论文集》第二卷（1924年）。

受虐癖，过去被解释为内倾性虐待倾向，现在似乎能够找到更好的解释；性驱力和自我毁灭驱力的结合揭示了受虐倾向具有一种功能，就像弗洛伊德指出的，它有一种可以防止自我毁灭的经济价值。[1]

最后，这个新理论为"超我"和惩罚需要的概念提供了理论基础。弗洛伊德认为"超我"是性格中的自主性能动者，其主要功能是防止追求本能驱力。它被看作对自身敌意攻击的载体，比如施加挫折感、剥夺快乐、严格要求自己、因自己未完成要求而加以严厉惩罚。简而言之，它的力量若不能向外宣泄，就会积累攻击冲动。[2]

以下章节讨论话题将被限定于死亡本能的衍生物：破坏本能。弗洛伊德对这个概念阐述得很清楚：人们天生就有倾向邪恶、攻击性、破坏性和残忍的内在驱力。"在这背后的真相——人们总是急于否认——人类本性并不温和友善，并不总是期望爱，并不只在受到攻击时才自我防卫，而是有着非常强烈的攻击欲望。我们应认识到这是人类与生俱来的本能。因此，邻里同胞于人们而言不仅可以成为帮手或者性对象，还可能引诱人们利用他们去满足攻击欲望，还可能剥削他们的劳动而不支付薪酬，不经其同意而与其发生性关系，侵占其财产，羞辱、伤害、折磨和杀害他们。人即他人之狼，面对个人生命中和历史长河里如此之多的证据，谁会有勇气来反驳这一点呢？"[3] "憎恨是人际间所有感情和爱

---

[1] 西格蒙德·弗洛伊德《受虐狂的经济问题》，《论文集》第二卷（1924年）。

[2] 参见第十三章《"超我"的概念》。

[3] 西格蒙德·弗洛伊德《文明与缺憾》。

恋关系的基础。""与客体关系中的恨早于爱而存在。"[1]
在早期发展阶段,"口唇"期表现为一种吞并客体的倾向,
也就是消灭对方。在"肛门"期,与客体的关系表现为操控
它或压制它,这种态度与恨并没有区别。只有到了"性器"
期,爱与恨才成为一组对立体。

弗洛伊德已经预测到,人们在情感上很难接受上述观
点,而更愿意相信人性本善。但弗洛伊德未看清的是,要反
驳人性本来就具有破坏性,并不意味着应主张人性本善这一
对立论点。他也没有看到,破坏本能的假设对人们来说是有
诱惑力的,因为他们可以将自己的责任感和内疚感放下,这
样一来他们就可以不用再面对引起自己破坏冲动的真正原因
了。我们是否喜欢这个假设无关紧要,重要的是它是否符合
我们的心理学知识。

弗洛伊德假设的争议点并不在于其宣称人类是充满敌意
的、具有破坏性的和残忍的,也不在于宣称这些行径发生的
频率之高、程度之深,而是在于宣称这些通过行为和幻想表
现出来的破坏欲在本质上是本能的,然而,这些破坏行径的
程度和频率并不能充分证明破坏欲是一种本能。

这个假设意味着敌意无所不在,它"伺机待发","如
果我们被剥夺那种满足感,就会焦虑不安",这种满足感也
就是发泄敌意后的满足,因此,我们是否真的不分青红皂白
就满怀敌意或充满破坏性,这才是应该讨论的问题。假如有
充分的理由,假如敌意只是针对环境的正当反应,那么破坏
本能假设原有的论据支持就一下子瓦解了。

---

[1] 西格蒙德·弗洛伊德《冲动和冲动的命运》,《国际精神分析期刊》(1915年)。

从表面上看，很多论证都在支持弗洛伊德的观点：敌意或者残忍远不止是受了刺激以后才有的。一个无辜的孩子可能会遭到无缘由的残忍对待；一位同事可能会莫名其妙地诋毁一个人的品格和成就，尽管他们两人从未打过照面；一个病人就算一直都在接受帮助，却还是会满怀敌意；有些暴徒痴迷于残忍地折磨无关且无辜的人，并从受害者的痛苦中获得快乐。

但是外界因素导致的刺激与所呈现出的敌意往往不成比例，因此问题还是没有解决：敌意产生的原因是否并不总是充分的？能够回答这个问题的最好资料是由精神分析治疗提供的。

毫无疑问，病人可能会以最恶毒的方式来诋毁分析师，尽管他从理智上意识到，分析师其实一直在帮助他。他希望能够使分析师声名狼藉，甚至还进行了尝试。对于分析师的努力，病人表示出极大的怀疑，他认为分析师在故意误导他、伤害他、剥削他。分析师认为自己并没有对病人做出任何激发其敌意的事情，当然，也有可能是他缺乏技巧或者不够耐心，也有可能他的分析解读没有切中要点。但是就算没有出任何差错——回顾以往大家达成的一致，所有这些敌意还是会指向分析师。这又是一个很好的例子，印证了没有外界的刺激也能产生敌意。

但这是真的吗？因为精神分析情境独一无二的优越性——这可以让分析师很容易就对病人的情况了如指掌，我们可以给出一个明确的否定回答。这种情境的重点是，病人的敌意是防御性的，其敌意程度绝对与病人所觉察到的伤害与威胁的程度成正比。比如说，病人的自尊心很脆弱，他感到整个分析过程就是一个持续羞辱他的过程。或者他对分析师抱有很高的期待，到头来却未能达到他的预期，他感到被欺骗和愚弄了。或者他的焦虑感使他感觉需要极大的关爱，但他却感到分析师一直在排斥他甚至厌恶他。或者他把自己对完美和成就的无尽追求投射到分析师身上，因此感到分析师对他有着不切实际的期待或者不公正的控诉。这样看来，他的敌意就变得很合理了，他对分析师的反应也是正常的——并不是对分析师实际行为的反应，而是对病人所感受到、理解到的分析师行为的反应。

我们完全有正当理由说，在很多相似的情况下，敌意或者残忍似乎都是无缘无故的。但对于那些向无辜者施暴的行为又该如何解释呢？例如，让我们想一想孩子折磨动物的情景。这里的问题是，我们生活的环境曾经对这个孩子产生过怎样的影响，又使他怀着多少无法对强者发泄的怒火和憎恨？同样亟待回答的问题还涉及小孩们的施虐幻想：需要证明的一点就是，敌意并不是对环境中的刺激性影响所做出的反应，或者说得更积极些，对于那些因被爱、被尊重而感到快乐和安全的孩子，他们是否也存在着虐待行为和幻想呢？

在精神分析实践中，还有一种经历似乎与破坏本能假设相对立。精神分析师越是能成功地消除病人的焦虑，病人就越是有能力对自己和他人宽容以待，他将不再具有破坏性。但是，如果说破坏性是一种本能，那它怎么可能会消失呢？毕竟我们无法创造消除本能这样的奇迹。根据弗洛伊德的理论，病人经过分析治疗后，在以后的生活中可获得更多的满足感，因此之前集中在"超我"上的攻击情绪现在都指向了外部世界。当病人的自虐倾向减轻，他就会变得对他人更具破坏性。但事实上，经过成功的分析治疗后，病人的破坏性减弱了。相信死亡本能的分析师却有不同的说法，尽管病人确实在行动和幻想上都减轻了对他人的破坏性，但是相对于他之前的状况，分析师认为该病人更善于坚持己见、捍卫自己的权利、追求渴望的东西、提出合理的要求并更好地掌控情势；所有这些表现都被认为是更"激进"的表现，而这种"激进"被视为破坏本能的目标抑制表达。

我们来分析一下这种反对意见和它所基于的假设。对于我来说，该假设包含着一种谬论，与"把情爱当作性驱力的目标抑制表现"这个谬论是一样的。对于一个神经症患者来说，当他有受抑制的敌意时，任何的自作主张，比如说索取火柴来点烟，都有可能代表一种攻击性行为，这样一来，他就不敢向别人索取火柴了。但是，这是否可以总结为，所有的"攻击"，或者换一种说法，所有的"自我主张"都是目标抑制后的破坏行为呢？在我看来，任何形式的自我主张都是对生活、对自我的积极的、开阔的、具有建设性的态度。

最后，弗洛伊德的假设还揭示了敌意或破坏性的终极动机是以破坏性冲动为基础的。我们认为，人是为了求生才进行破坏，然而他的观点却与我们的观点相反。如果新的观点教会我们从不同的角度看问题，我们就应该承认老观点的错误，然而情况显然并非如此。如果我们有意愿去伤害或杀害别人，并且我们真的去实施了，这是因为我们感到或确实面临危险、受到侮辱、遭受虐待；因为我们感到或确实被人拒绝，并且受到不公正对待；因为我们感到或发现我们极为看重的意愿受到了干扰。也就是说，如果我们希望去毁灭，那是因为我们想要保护自己的安全、幸福或其他类似的东西。

总的来说，是为了生命，而不是为了毁灭。

破坏本能理论不仅没有事实根据，与现实相左，它的影响还是极其有害的。对于精神分析疗法来说，它意味着让病人肆意表达敌意是它本身的一个目的，因为在弗洛伊德看来，如果破坏本能得不到满足，那么病人就无法感到舒适。事实的确如此，如果一个病人有着受抑制的控诉、以自我为中心的需求、复仇的冲动，当这些都得到释放后，他就会感到松了一口气。但一个分析师如果太过重视弗洛伊德的观点，就肯定会迷失重点。分析师的主要任务不是让病人释放这些冲动，而是去理解它们产生的原因，通过消除根本的焦虑来消除它们存在的必然性。另外，该理论还使人难以区分哪些因素在本质上是破坏性的，哪些因素在本质上是建设性的——如自我主张。例如，病人对待一个人或一个原因的批评态度极有可能是无意识的敌意情绪表露，但是，如果在分析师看来每一种批判性态度都是破坏性敌意的话，这样的解读可能会使病人气馁，因此他或她的批判思维能力就无从发展了，分析师应尽力去区分病人的敌意动机与自我主张。

该理论的文化影响也同样有害，它必然会使人类学家做出假设——任何时候，在一种文化中所发现的那些平和而友善的人们，他们的敌意反应都被压抑了。这种假设使得任何为寻找特定文化中导致破坏行径的原因所付出的努力都将变成徒劳。如果人类天生就具有破坏性，并因此郁郁寡欢，那为何还要为美好的未来而奋斗呢？

第八章　童年的重要性

　　弗洛伊德的机械进化论思想是造就他理论的影响最深远的前提之一，对此我已有过描述。简单回顾一下，这种思想认为，现有的生活不仅是由过去创造的，而且只包含过去，别无他物——换句话说，现在就是过去的不断重复。该前提的理论模型在弗洛伊德无意识的无时间性概念以及强迫性重复假设里也提到过。

　　无意识的无时间性是指，恐惧、欲望或者整个童年时期被抑制的经历，由于当时受到了压抑而与当下的生活脱离，因此它们没有参与个体的发展历程，也丝毫未被之后的经历或成长所影响，它们还保留着当初的强烈程度以及它们的特性。这种学说可以与一些人类神话相类比：有一批人迁移到山洞里居住，外面的世界历经百年风雨，而他们却年年岁岁都未曾改变。

　　该理论是固着的临床概念的基础。一个孩子在其早期发展阶段，如果有人在情感方面对他极为重要，但孩子对其感情的重要部分却一直受到压制，那么孩子就会一直对这个人念念不忘。比如说，小男孩一直克制着自己对母亲的欲望，同时对父亲有着嫉妒和恐惧，那么在他长大之后，这种感情的强烈程度仍然不会改变，并且还在施加影响。这也许可以解释，为什么总体上他对女人敬而远之，为什么他要跟比自己年龄大的女人结婚，并只想与已婚女人发生性关系，或者说为什么他产生了如弗洛伊德所说的情爱与性爱分离的现象。通过后者，弗洛伊德理解了为什么一个男人没有能力对自己倾慕的女人产生性欲，但却想与那些自己所鄙视的女性发生性关系，比如妓女。弗洛伊德认为这种现象是对母亲固着的直接后果，这两种女人代表着母亲的不同形象：一个是有性吸引力的，另一个是值得尊敬的。

对某个人的固着不仅会在早期环境下产生，还有可能与整个力比多发展阶段有关。当一个人在其他方面发展时，他的"性"意愿仍停留在前生殖阶段的追求上。这种固着，可能是他对于口唇期力比多的专注，产生的原因是由于体质或是某些偶然经历，比如说断奶困难或者肠胃系统障碍。在这种情况下，孩子可能会因为弟弟妹妹的出生而拒绝进食；可能会在长大后贪食，还可能一直痴迷母亲的围裙带。如果是个女孩，那么在青春期时，她对糖果的兴趣可能会比对男孩子的兴趣多得多；可能在长大后发展出神经症症状，例如呕吐或酗酒；可能会过分强调饮食问题；梦到吃了别人；感到对情感的需求总是得不到满足，却在性生活中表现冷淡。

对固着概念的临床观察还是比较先进的，但心理分析批评家们对此不以为然。争议的核心关乎解读的问题，这将在后面的章节与强迫性重复和移情概念一并讨论。

　　无意识的无时间性不仅会引出固着概念，它还包含在强迫性重复的假设里，它代表了强迫性重复的隐含前提条件。如果弗洛伊德相信对母亲的特殊依恋是整个发展过程的一个构成因素，那么他提出"任何特定表象都只是特定情结的重复"这一假设就是没有意义的。只有通过假定这种情结仍然保持孤立不变，他才能把后期出现的依恋视为对第一次依恋的重复。

　　简单地说，强迫性重复指精神生活不仅受到享乐原则的调节，还由另外一个更基本的原则决定：重复过往经历和重复已建立反应的本能倾向，弗洛伊德为这种倾向找到了以下证据。

　　第一，孩子表现出明显的重复过往经历的倾向，即使是不快乐的过往，比如体检或手术。在复述故事的时候，他们会严格按照最初听故事的方式来完成复述。

　　第二，创伤性神经症患者经常做梦，在梦中，他们会重新经历创伤性事件的点点滴滴。这些梦境似乎与幻想中的主观妄想相矛盾，毕竟创伤性事件是痛苦的。

　　第三，根据弗洛伊德的说法，病人在分析过程中会复述过往的经历，尽管这些都是痛苦的往事。弗洛伊德辩解称，如果病人在分析过程中表现出追求童年目标的意图，那么在享乐原则下这是完全可以理解的，但是，病人似乎也被迫着不断重复痛苦的经历。例如，病人会持续感觉到分析师对自己的排斥，以此不停地重复小时候被父母拒绝的经历。一个病人提供了更复杂的例子：她在童年时期十分无助的时候没有得到应有的帮助。例如，当她扁桃体发炎还伴有高烧时，她向睡在同一房间里的母亲要一块毛巾敷额头，母亲却拒绝了她。在这个案例中，这个病人既不愿意承认也不愿意接受对她的帮助，她的表现似乎是童年情景的再现，似乎她仍然孤苦无助。

第四，很多人在生活中都在很明显地重复以往经历。一个女人可能结过三次婚，而三任丈夫都患有阳痿。一个人可能会有几次一模一样的经历：为他人奉献，却得不到别人的感激；他可能会不断地崇拜一些偶像，但每次都以失望而告终。

让我们来检验一下这些证据的有效性。弗洛伊德本人并没有将儿童做重复的游戏看作有力证据，尽管弗洛伊德承认有这种可能性的存在——通过不断重复痛苦的游戏经历，孩子们希望在现实生活中，当他们被迫背负起苦痛时，也能像在游戏中一样掌控情势。至于梦中出现的重复性创伤事件，弗洛伊德认为另有解释：受虐倾向驱力在起作用。但是对他来说，这种可能性并不足以推翻强迫性重复的假设，而我与他的看法刚好相反。

关于一个人在生活中的重复痛苦经历，我们很好理解，并不需要将其假设成一种神秘的强迫性重复，只要考虑到这个人内心的特定驱力和反应势必会带来重复经历即可。[1]例如，崇拜英雄的癖好是由互相矛盾的驱力决定的：一个人树立了代价过高的目标，带来的破坏太大，因而不敢追求它；或者他有崇拜成功人士的倾向，热爱成功人士，不需要自己努力完成任何事就可以代入到他们的成功中去，但同时他又极度妒忌他们，甚至到了想要毁灭他们的程度。这就不需要

---

[1] 麦独孤早在《精神分析和社会心理学》（1936年）里提出了这一观点。

寻找任何假设的强迫性重复的来源，以此来理解为什么一个人总是很容易陷入一种重复经历里，为什么他寻找偶像而又对他们感到失望，或者为什么他故意将某些人树立为偶像然后再摧毁他们。

弗洛伊德最具说服力的证据来自他的假设，即病人在分析治疗情境中强迫重复着孩提时的经历。根据他的说法，病人重复孩提时代经历时会带有"疲劳规律"。这种观点也备受争议，我们将在移情章节中继续讨论。

弗洛伊德在提出固着、退化和移情理论之后，构建了他关于强迫性重复的假说，这些概念都属于同一范畴。对于他来说，这种设想就像一个通过临床经验得出的理论模型。实际上经验本身或者他对于自己观察的解读，已经由同一个哲学前提决定了，而这一前提在强迫性重复概念中已经表述过。

因此弗洛伊德是否成功地证实了强迫性重复都无关紧要了，重要的是去理解精神分析思维、理论的形成以及治疗法是如何受这些方式影响的。

首先，强迫性重复理论所体现的思维方式决定了对童年经历重要性的侧重程度。如果长大后的经验是早期经验的重复，那么哪怕是对过去经历一知半解，也会对理解现在的生活起到关键性作用。因此，把病人联想中的任何童年回忆看作最具价值的材料也是比较合理的；一再地对记忆能追溯多远这个问题进行讨论是合乎逻辑的，将早年的一系列情结从当下表现中重构出来也是极其重要的。

我们也能理解，为什么所有不符合常规概念上普通成年人的感觉、思维或者行为的一些倾向，会被认为是孩子气的。如果没有强迫性重复的假设，那就很难去理解，为什么一些破坏性的野心，诸如吝啬或者对环境无节制的要求，应该被视为幼稚的低龄化行为。对于健康的孩子来说，这些都是不常见的，往往只有那些患有神经症的孩子才会有这样的表现。但是，如果前两种倾向被视为肛门虐待阶段的衍生物，最后一种倾向被视为儿童时期的无助或者自恋阶段的衍生物，这就很容易理解为什么要将它们视为幼稚的了。

最后，我们也可以理解之前讨论过的一个至关重要的治疗预期——病人一旦意识到他目前的困境与儿童时期经历之间的联系，他就会很好地理解目前的困境。也就是说，当他意识到了参与自己当下生活的童年倾向之后，就会将它们当作与成年视角和努力完全不相符的废旧物加以摒弃。同时我们还看到，与此相吻合的是，如果病人还未痊愈，那是因为他还没有完全阐明自己的童年经历。[1]

简而言之，我们现在可以理解，为什么精神分析是一种发生心理学。之所以称它为发生心理学，是因为它遵循强迫性重复理论所呈现的那种思想。但是这种思想，就算我们假设现在的态度和过往经历的确有明显相同的地方，它仍然受

----

[1] 我想说一个小故事，尽管有点讽刺意味，但是它很好地阐明了这种思维类型。有一个美国女孩，她之前一直在海外接受分析治疗，那次她来，希望能让我继续对她进行分析治疗。我问她为什么，本以为她会说为了现实生活中的困境和仍然存在的病症；然而，她说她患了健忘症，5岁之前的事情仍然是一片空白。我们通常认为，寻找童年的记忆本身就是目的，但实际上，它是达成目标的手段，而这个目标就是理解现在。

到了各种严厉的批评。[1]

　　我们来看一个例子，一个女病人总是感到别人待她不公正、感到被排挤、受欺骗、被人占便宜、别人不懂得感恩或者不尊敬她。然而，分析表明，她要么是对于一些相对细微的刺激反应过度，要么是对于情况做出了歪曲的解读。当她还是孩子的时候，她的确受到过不公正的对待。她的母亲是个很漂亮的、以自我为中心的人，而妹妹则集万千宠爱于一身，她就是在这两个人的阴影下长大的。她怯于公开发泄不满，因为她的母亲自认公正无私，而且只能接受别人对她的盲目仰慕。而且当她对不公平的对待表示愤怒时，别人还会嘲笑她，说她像个摇尾乞怜者。

　　因此，我们看到她过去的态度和现在非常相似。我们常常能观察到这种类似性，这应当归功于弗洛伊德，是他教会了我们如何观察。小时候受宠爱——长大后对其他人要求过分；小时候以听话来换得想要的东西——长大后以顺从来期待换取别人的关爱。但是，为什么有时童年时期的态度会一直持续到成年时期呢？毕竟大多数人成年后就摆脱了童年的影响。如果他们没能摆脱，我们就应该找出其中的原因。因此，我们面临着一个问题，即在现有的性格结构中，是什么因素需要过去态度的延续——尽管它可能以不同的方式延续。这个问题至关重要，不仅从理解的角度来看很重要，而且从治疗角度来看也十分重要，因为治疗所带来的改变完全取决于分析师对于这些因素的了解和掌握。对于这个问题，弗洛伊德给出的答案是强迫性重复假说。现在，让我们基于

---

[1] 参见奥托·兰克、大卫·李维、弗莱德里克·艾伦、F.B.卡普夫、A.阿德勒、A.C.琼及其他学者对此做出的批评。

上述案例，分析后来的经验是否为早期经历的重复。

我们应该承认，我们对病人儿童时期的情况知之甚少，关于她的童年，我们只知道她很幸福并拥有一个令人崇敬的母亲。弗洛伊德会建议，即使关于病人的童年我们只有少得可怜的信息，但是我们依旧可以通过她现在的一系列反应，重现其儿童时期的经历。我们假设，根据以上建议我们可以还原前文所表明的真实情景。我们告诉她，我们认为她在小时候肯定经历了一些不合理待遇，如此一来病人就会受到鼓励，从而帮助我们一起重现过往的经历。在整个过程当中，她也可能会极不情愿，因为这种重现意味着揭露对母亲由来已久的怨恨。同时，我们还将了解到她的另外一个特性，也是对早期反应的重复——她试图通过对别人的崇敬来掩盖对他们的怨恨。从前她对母亲是这样，后来她对丈夫及他人也是这样。

因此弗洛伊德的理论框架可由临床观察来支撑。在神经分析文献中，常见的论点是对过去的重现是有效的，比如经常有第三方证实其可靠性，这些都是有据可查的。尽管如此，这些重现并没有证明它想要证明的东西，也就是说，它不能证明当下生活仅仅是在重复过去。让我们来询问一下病人，看她从重现里都得到了些什么。当然，她看到了早期困境的真实情景，可这并不是目的，那么我们应该进一步追问：对过去真实情况的充分了解对她有什么帮助？

根据强迫性重复的概念，这个回答应该图式化为：病人意识到她今天的反应是陈旧的；它们过去有效，现在却不一样了；由于她没有意识到自己其实一直在被迫重复早期反应，所以它们才会发生；该发现将帮助病人看清现实的真相并做出相应的回应，因此这个魔咒被打破了。

这样的结果常常无法实现，但这并不能用来反驳弗洛伊德的假设，我们仍然对为什么一些病人可被治愈而另外一些却最终失败的原因不甚了解。同时，病人可能会继续重复这种反应，因为其他相关联的因素还没有在分析过程中得到解决。最后，也许在某些病人身上，强迫性重复的力量非常强大，大到即使意识到了它们却还是无法终止。

但是，治疗上的失败并不是反对一种理论的依据，频繁的失败的确证实了一个问题，那就是理论预期可能没有问题，只是它还存在不完整的地方。让我们来思考一个观点：现行的神经症反应都是陈旧的，与现实不相符。这是真的吗？对于病人来说，什么才是现实？当提到现行的反应不是基于现实之上，弗洛伊德的意思是这些反应不是由当前环境激发的。但是一直以来，弗洛伊德都完全忽略了现实的另外一部分因素，即病人自身的性格结构。换句话说，他并没有考虑到，病人以这样的方式做出反应是否是由她的性格特征导致的。

再做一次图解概括，我们从这种情况中找到了几种与反应的产生有关的因素。由于整个儿童成长期的不幸，再加上刚才提到的因素，她有好几次都感到恐惧，认为如果她不好好表现就真的会被杀死——她已经形成了强迫性的低调态度，[1]处处表现得谦逊平和，总是待在隐蔽的位置，当与别人的意见或者兴趣爱好有所不同时，她总是认为别人的要求或观点是对的，而自己是错的。在深受压抑的表面下，她

---

[1] 参见第十五章《受虐现象》。

逐渐滋生出强烈的需求，它们的存在可以从她现有的反应中观察获得：首先，当她期望得到什么东西而又没有正当理由来提出要求时，比如在教育、健康以及类似的方面，她就会开始感到焦虑；第二，由于必须掩盖这种无力的愤怒，她常常感到身心疲惫——当某种隐藏的需求未能得到满足，当事情不按照自己的意愿发展，当她在任何竞争中都无法夺冠，当她顺从他人的愿望而别人却辜负她的时候，她就会开始愤怒。她完全没有意识到这些需求的存在，它们不仅是苛求的，而且是完全以自我为中心的，也就是说它们没有考虑到他人的任何需求。其特征表明，她在人际关系中已经出现困境，但表面上却表现得好像对人人都很友善。

因此经过一定数量的观察，我们发现：她对自己有着严格的以自我为中心的需求，而这种需求一旦无法实现，她就会感到愤怒。我们认为这就形成了一个恶性循环，这种愤怒会持续升温，造成敌对情绪和对他人的不信任，由此加剧了以自我为中心的情况。

就像之前提到的，病人以麻木的疲惫来掩盖这种愤怒。她不会将其表达出来，因为她十分害怕他人也会这样表达，并且她太想表现得完美无过了，可某些愤怒情绪还是发泄出来了。当她认为自己站在正义的一边，当她感觉受到不公正的待遇时，她的愤怒情绪就出现了。尽管如此，她的愤怒依旧不显著，而是氤氲在弥散的自我怜悯之下，因此，受到不公对待的感受促使她在一个公正的基础上释放了愤怒。可是她却由此获得了更为重要的东西。因为自认为受到了不公正的待遇，她开始避免面对她对他人的需求，而这些需求已让她变得以自我为中心和缺少体谅；如此，她便可以保持一幅精美的画面，只展现出她的美好品质。与其改变自己，不如沉浸在自我怜悯的状态里，这种状态对于那些感受不到被爱和被需要的人来说是很重要的。

因此，病人总是倾向于感到待遇不公，并不是她在强迫性地重复过往的经历，而是她现有的个性结构促使她注定做出这样的反应。因此，向她说明她现有的反应没有现实根据，于她而言帮助并不大，因为这个建议只讲明了一半的真相，而遗漏了她自己内部的动力因素，而正是这些因素决定了她现在的反应行为。将这些因素研究透彻对于治疗方案来说才是最重要的，这个过程所包含的与病人相关的因素将在后面与治疗问题一并讨论。

实践中的发生学方法导致了各种各样的错误结论，但是这些结论都没有以上列举的案例那么重要。在这种情况下，对过去反应的重现是有效的，它激发出来的记忆能促使病人更好地了解她的成长经历。但是用于解释现今行为的重现经历或童年记忆，它们越是没有价值，就越不能被证实，越是有价值，也只能是一种可能性而已，每个分析师自然都能意识到这点。尽管如此，重拾童年记忆就可取得治疗进展这一理论期待实际上是一种诱惑，它促使人们去发掘不足以令人信服的重现或模糊记忆，而关于这样的重现和记忆，存在着悬而未决的问题：它们究竟是真实的经历还是幻想？当真实的童年经历变得模糊不清时，分析师为突破迷雾所做出的勉强努力就会表现为，用一种人们知之甚少的东西——童年经历——来解释一种无人知晓的怪癖。然而，放弃这种无谓的努力，而专注于人们内心的驱力和抑制似乎更有益处；即使对童年知之甚少，我们也还是有机会逐渐了解它们。

巧合的是，用这种方式来研究的分析师也不会减少对童年的探究。在更好地理解现实目标、现实力量、现实需求和现实伪装的过程中，被云雾笼罩的过往经历也会开始显露真相。但是我们不能把过往经历当成珍宝去长期追寻，而应将其视为理解病人成长过程的一种有用方式。

发生学方式中导致错误的另一个原因是，那些与现实怪癖有联系的童年经历太过于分散，因此它们无法解释清楚任何事情。例如，分析师试图将整个错综复杂的受虐性格结构归结于一次偶然的在受折磨的过程中感受到的性兴奋。当然，单纯的创伤性事件会留下直接的创痕，就像弗洛伊德早期病例报告中所指出的那样。[1]但是，强迫性重复概念中包含的假设所导致的结果是，这种可能性也被滥用了。那些孤立事件都有着性欲的本质，例如看到父母性交的过程、兄弟姐妹的出生、因手淫而带来的羞耻或者威胁——这些被认为是大部分后期发展起来的性格趋向或者症状的原因，这种性质是由力比多原理的前提造成的。

过去的情感经历会不断地重复上演，这种理论决定了退化情感理论和移情理论，这些理论都受制于"过去的情感经历可在特定的环境下重现"这一理论。对于移情概念，我将会分开进行讨论。至于退化情感理论，它与力比多理论是相互交错的。

我们都会记得，力比多的发展是经历了几个特定阶段的：口唇期、肛门期、性器期和生殖期。每个特定的阶段都有其显著特征。比如说，在口唇期人们倾向于从别人身上获

---

[1] 参见约瑟夫·布洛伊尔和西格蒙德·弗洛伊德《癔症研究》（1909年）。

得些什么、依赖他人、嫉妒、倾向于通过具象结合的方式与他人求同。至于"性器期"，倒是没有过多的精神品格与该阶段相吻合，但是，达到"性器期"似乎也就是实现对周遭世界各种要求的完美顺应。如果说某人正处于"性器期"，就等于说他是一个没有罹患神经症的"正常"人，但这只是统计学均值意义上的"正常"而已。[1]

与该观点一致的是，任何偏离平均水平的倾向都被视为幼稚。当一个人总是出现异常的怪癖，那么这些怪癖就可被视为仍然停滞在儿童期的表现。当这些怪癖沿着之前的轨迹正常发展，且没有什么阻力，就可视它们为退化情感。

在任何一个力比多阶段发展出来的退化情感，都会被考虑为不同类别的神经症或思觉失调。抑郁症代表着口唇期的退化情感，因为在此类案例中，病人往往有进食障碍、自相残杀的梦境、害怕挨饿或者中毒。抑郁症的典型特征是自责，这是由自己对他人的谴责受到压抑而"向内投射"所产生的结果。弗洛伊德认为，患有抑郁症的人就好像他已经吃了受谴责的人，然而，由于他或她自己认同受谴责的对象，因此对那个人的责难就表现为自责。

强迫性神经症被视为肛门期的退化情感。支持这种解读的观察表明，强迫性神经症病人常常有几种倾向：憎恨、残忍、倔强、洁癖、有条理和准时。

精神分裂症被视为发展过程中自恋阶段的退化情感。通过观察我们发现，精神分裂的人逃避现实、以自我为中心并且常常有一些或明显或隐蔽的浮夸念头。

---

[1] W. 特洛特在《和平与战争中的群居本能》（1915年）中指出，精神分析法文献倾向于用统计学上的均值来鉴定"正常"。

　　退化情感并不总是与力比多理论组织有关，它可能只是退回到原有的乱伦爱恋对象上，这种退化情感的类型是癔症的典型特征。

　　促成退化情感的因素被认为在对生殖器直接或间接的追求中所受到的挫折，更概括地说，任何对生殖器追求的阻碍或者追求时碰到的痛苦都会对情感退化造成影响，比如说对性或者爱情生活感到失望或恐惧。

　　对于退化情感观点所存在的问题进行批判性考察，在某种程度上就像我以前尝试阐述力比多理论的问题一样。对于退化情感仅仅是重复的特殊形式，我的评论在前面的内容中已经讨论过了。我希望在此重申一点：它牵涉到促使神经症发作的因素——如果有明显的发作；或者用理论上的术语来讲，促成情感退化的因素。

　　我们知道，导致神经症紊乱的状况数不胜数，而它们当中发生在普通人身上的状况并不会造成创伤。特殊的情况例如，一位老师因为受到校长委婉的批评就产生严重的抑郁症；即将与自己选择的女人结婚的医师患上了严重的焦虑症并伴有功能失调；一位律师向女孩求婚，但女孩表现得犹豫不决，因此他出现了弥散性障碍。

　　我发现，在上面的事例中，对于病人的联想，我们可以依据力比多理论或者强迫性重复来做出解释。对于这位老师来说，校长代表了父亲的形象，他的责备就相当于对以前从父亲那里受到拒绝的重复，同时她又感到内疚，因为她曾经幻想与父亲和睦相处，因而校长的责备就具有创伤性。而从那位医师的联想中，我们可以发现他常常害怕被什么人或者什么东西束缚，但是，这也可以视为他过去就有的对于被征服的恐惧，或害怕被母亲吃掉，并伴随着乱伦欲望而来的恐惧和内疚感。

但是，我认为我们的任务是了解个体实际性格特征的复杂性以及他建立均衡所依赖的综合条件是什么。这样一来，我们才能理解为什么特定的事件会打乱他的均衡。因此，如果一个人感到均衡的基础是幻想自己是一个完美的人并期望别人也如此认同，那么领导一句委婉的批评就能轻而易举地造成他的神经症障碍。如果一个人幻想自己是极受欢迎的人，那么任何拒绝都可能引发他的神经症。一个靠独立和离群来达到均衡的人，一旦想到即将结婚，便会产生神经症。大多数情况下，几件事情综合在一起，干扰着那些与焦虑对抗的心理防御发挥作用。一个人的架构越不牢靠，他的均衡就越容易被细微的事件所影响，从而导致其出现焦虑症、抑郁或者其他神经症症状。

那些质疑精神分析的人常常要求分析师公开发表精神分析过程的细节，由此来评判分析师是如何得出结论的。我并不认为如此就可以澄清争议，同时，我认为那些人所提出的要求是以毫无根据的怀疑为基础的，他们怀疑实际上并没有真正提供材料给分析师，然而分析师却根据这些无中生有的材料做出了解读。根据我的经验，分析师们都是可靠的、有良知的，他们确实找到了合理的记忆。争议在于，是否应该把这些记忆作为解释原则，毕竟这种治疗实践不是只有一条路可走，也不是完全机械化的。让我们再次回到刚才提到的案例，我们不必从记忆中寻求最终答案，而应试着去了解这些事件——校长的责备、对即将来临的婚姻的预想、拒绝——对这些人的人格结构意味着什么。

　　通过对这些讨论的回顾，我的评论就像是一场"现在对抗过往"的辩论。如果将这些问题看作简单的二选一，未免显得过于简化，有失公正。毫无疑问，不管童年时期经历了什么，这些经历都会对成长过程起到决定性的作用，就像我之前提到过的，这是弗洛伊德众多贡献中的一个，相较于前人，他在看待这个问题时更为细致、更为准确。自弗洛伊德之后，问题就由"童年经历是否会产生影响"变成了"童年经历如何产生影响"。我个人认为，这种影响以两种方式产生。

　　其一是它留下了可以直接追溯的痕迹。对一个人自发的好恶，可从早期记忆中直接在父亲、母亲、保姆和兄弟姐妹等人身上找到类似品质。本章中列举的一个案例说明，早期有过不公正待遇的经历与后期总是觉得自己被恶劣对待是有一定关联的，上述这种不利的经历促使孩子早早地失去对他人的仁慈和公正的自发性信任，同时，他将失去或者从未得到过"一定会被人需要"的纯真感觉。因此，从这种意义上来说，因为总是把事情往坏处想，过往的经历直接影响了成年期。

　　另外一个也是更重要的影响是，童年经历的总和构建了特定的人格结构，或者说启动了它的发展。对于有些人来说，这种发展在5岁时基本上就停止了。有些人在青少年时期终止，还有些人是在30岁左右，少部分人会一直发展到老年阶段。这就意味着，我们不能对后期特征只做单线解读——比如一位女士对丈夫的怨恨并不是因为丈夫的行为——这种怨恨与她对母亲的怨恨是一样的，而我们必须从整个性格特征的架构上来理解后者这种敌意反应。她的性格特质发展成现在这个样子，部分是由母女关系所致，部分是由童年时期其他所有影响因素的总和所致。

　　过往的种种经历总是以这样或那样的方式影响着我们的今天。如果要我简明扼要地归纳这场讨论的实质，我会说，这个问题所讨论的并不是"现在对抗过往"，而是"变化发展对抗重蹈覆辙"。

第九章　　移情的概念

如果有人问我，弗洛伊德的哪一项发现最有价值，我会毫不犹豫地说，是他关于病人对分析师和分析情境的情绪反应能够被用于治疗这一发现。这一发现见证了弗洛伊德思想的内在独立性，他把病人的情绪反应当作有用的工具，而不仅仅是把病人的心理依恋或者可暗示性当作可以影响他或她的手段，也没有把病人的负面情绪反应当作麻烦。在我的印象中，有一些心理学家[1]详细阐述过弗洛伊德的这个方法，却并没有对他的这项具有开拓性的工作给予应有的赞誉，所以我要在这里对这一发现的价值进行明确的说明。通常，对一些事物进行修改非常容易，但是第一次将可能性变为现实则需要天赋。

弗洛伊德在分析情境中观察到，病人不仅讲述他们当前和过去的困扰，还会对分析师表现出情绪反应，而这些反应常常是不理智的。病人可能完全忘记了来到分析师这里的目的是什么，感觉自己只要能获得分析师的爱与欣赏，其他的

---

[1] 例如O. 兰克和C. G.琼。

都不重要，由此，他们可能对一切危及自己与分析师关系的事物产生过分的恐惧。本来实际上是分析师要帮助病人直面自己的问题，但在病人那里，这反而变成了一场感情上的激烈博弈，并且要力求占据上风。例如，当分析师帮助病人弄清楚了自己的问题，病人不仅没有感到宽慰，反而只看到分析师注意到了自己根本没有意识到的事情，因而暴怒丛生。病人可能不顾自己的利益暗暗较劲，想要使分析师的所有努力付诸东流。

弗洛伊德认识到在精神分析过程中，病人的所有反应无不彰显病人自身的人格特征，因此非常值得我们去理解它们。而且，弗洛伊德还认识到，分析治疗情境提供了一个独特的机会去研究这些反应，不仅因为在分析过程中病人愿意表达自己的情感和思想，还因为病人和分析师的关系比较简单且更加开放，适合观察。

通过病人讲述自己对待他人的态度，例如对待丈夫、妻子、女佣、单位负责人和同事等等，分析师无疑可以从中了解很多信息，但是分析师在进行研究时，常常站在不够牢靠的根基上。病人通常并不清楚自己的反应或者哪些情况会激发它们，并且有着肯定但隐蔽的意愿不想去弄清楚这些。许多病人想要自己看上去是完全正确的，他们为此付出的努力会使他们不经意地根据自己的偏好而润色困难，因此他们对刺激所做出的反应常常是恰到好处。又或者，病人讲述在自我谴责倾向的压力下的一些事件，同样让问题变得模糊不清。分析师不了解其他相关者的信息，即使能够形成关于这些人的试验性画像，也可能很难让病人信服他们自己在冲突中的那份角色。

有人也许会提出反对，认为在精神分析情境中也会出现这些困难，病人对分析师做出的反应也可能是毫无根据的，而分析师难以觉察，毕竟分析师必须要在情境中同时作为参与者和裁判员。对于这些反对，只有一个答案：虽然存在这些困难，由此产生的错误也难以避免，但是它们在精神分析的情境下的确被减少了很多。在病人的生活中，分析师相对于其他的角色更为疏离、公正；因为分析师在情境分析中要集中精力去理解病人的反应，避免随意做出幼稚的主观臆测的反应。而且，作为规则，分析师也会自我分析，因此很少出现非理性的情绪反应。最后，分析师知道他在分析情境中所面临的病人的反应，实际上是病人在所有的人际关系中都会做出的，因此分析师不会认为病人的一些反应是针对分析师本人的。

弗洛伊德的这些观点让大家受益无穷，但遗憾的是没有摆脱他的机械进化论思维的影响，以至于即使到了现在，移情概念还饱受争议。弗洛伊德认为，病人的非理性情绪反应意味着幼年期情感的复苏，并开始依附——或者说转移到分析师身上；不管分析师的性别、年龄和行为，也不管在分析时真实的情况到底是什么，病人的一切感情，诸如爱、蔑视、不信任和嫉妒等都开始依附在分析师身上。这是弗洛伊德一贯的思考方式。病人对分析师产生的情感力量十分强大，强大到只有用幼年期本能驱力才能解释这种情绪的力量！因此分析师的首要关注点之一就是识别在分析治疗的特定阶段，病人赋予分析师的角色是什么；是父亲、母亲还是兄弟姐妹？母亲的角色是好还是坏？

我举例来说明这个方法的实践意义，尽管这个例子中包含的基本观点在之前讨论强迫性重复概念时已经讨论过了。我们假设一个病人在分析中爱上了分析师，那么在他的世界里，他可能只在乎这一个小时的分析时间，别无他物；他会因分析师释放出来的任何和善友好而感到欢欣愉快；然而来自分析师的哪怕最微不足道的拒绝或者只是他自以为的拒绝，都会令他陷入沮丧。他会嫉妒分析师的其他病人或亲属，幻想自己是分析师从众人里挑选出来的，甚至在梦里或清醒的时候对分析师产生性欲。

如果遵循弗洛伊德的解释，在病人的某些行为和母亲有着必然联系的基础上，分析师会认为病人对母亲的爱可能远远超过病人记忆中的印象，正是对这种爱的重新激发，导致了病人现在的种种表现。这种解释对于以下类型的病人可能有效，病人幼年时期对母亲有着强烈的依恋，现在这种痴迷还是一如既往，只是泛化了，不只专注一个人了，病人可能会较轻程度地迷恋他的医生、律师、牧师或者其他那些对他友善和维护他的人。分析者意识到了这种不是专注一个人的无分别的迷恋，并把它归因于病人重复固有陈旧模式的强迫行为。病人因此会感到宽慰，因为他明白了在他对于爱的感受中，有一些是强迫的，有一些并不真实。然而到了最后，当实际的迷恋减弱了，病人对分析师的依赖还是会存在。

这种解读的不足之处是依旧没有充分考虑病人实际的人格因素，也就是在这个案例中导致病人对分析师产生依恋的那些人格因素。有一种可能是病人具有受虐倾向，病人的安全感和满足感来源于自己与他人的捆绑，更准确地说，就是把自己完全融合到他人中去，[1]因此对于病人来说，获得他人的情感让他感到安心。在病人的思想观念里，从严格意义上讲，这种对情感的需求主要表现为爱和献身。无论何时，只要病人的焦虑情绪被激发（在每个成功的分析过程中都会经常发生），病人对分析师的依赖需求就会随之增强。因此，一旦发现病人对自己有超越正常水平的迷恋，分析师就要马上意识到，这是病人存在焦虑或者没有安全感的表现。这样就有了一个途径来识别病人的焦虑情绪，最终也能够理解导致焦虑的深层次原因。因为主要是病人的焦虑导致了他对分析师的依赖，这样的理解也就能从一开始就防止依赖风险的发生。[2]

如果用幼年期的那套模式来解析病人的依恋会有三种风险，第一种风险是可能导致病人对分析师产生依赖，因为它没有触及病人的根本焦虑，而焦虑不断增进病人对分析师的依赖。这是一种非常严重的危险，因为它与我们的治疗目的背道而驰，治疗的目的是帮助病人拥有自由独立的人格。

第二种危险是企图用重复过去的情感或经历来解释病人对分析师或分析情境的情绪反应，从而导致整个分析过程没有成效。不妨举例假设，病人可能在心里暗暗觉得整个过程是对他的尊严的难以忍受的羞辱。如果意识到了病人的这种情绪反应，并且把病人的反应主要跟其过去的羞耻感关联，而不去深入挖掘导致这种情绪反应的病人自身的实际结构因素，那么这样的分析也可能会毫无建树、偏离正轨，所有的

---

[1] 参见第十五章《受虐现象》。

[2] 在众多学者里，阿道夫·梅尔特别指出了在解决神经症病人依赖心理医生这一问题时所遇到的困难。

时间可能就白白浪费在病人或委婉或直接的对分析师的贬低与攻击上。

第三种危险是对病人的实际人格结构及其可能造成的后果没有做出充分的描述。实际存在的个人倾向，即使它们主要与过去有关，也要对其进行识别。因为一种特定的敏感、蔑视或骄傲，在把它与过去联系起来之前，要先辨别清楚。这个过程会不利于分析师去理解各种倾向是如何相互联系的，一种倾向是如何决定、加强、抵触另一种倾向的，同时也会导致分析师在各个倾向之间建立错误的关联。

由于这一点在实践上和理论上的重要性，我将举例阐述。因为这个例子必须是简明扼要的、是图式化的，引用它的目的并不是试图说服读者，让读者相信我利用结构图所获得的真相比"垂直"释义更具有说服力，而是仅仅说明采用的方式和得到的结果之间的差异。

患者X是一位天赋极高的人，他在与分析师的关系中表现出三种主要倾向，我将其称之为a、b和c：a. 他对分析师很顺从，并无意识地期待分析师会以对他的保护、喜爱和倾慕作为回报；b. 他对自己有着隐性的膨胀的自我观念，认为自己是个集智慧和道德于一身的天才，一旦分析师质疑这些品质，他就会马上翻脸；c. 他害怕分析师蔑视他。

分析师揭示了他童年的经验a1、b1和c1.：a1. 只要X听话，他的父亲就会给他想要的东西；b1. 父亲认为他是个天才；c1. 母亲看不起父亲。

根据弗洛伊德对移情概念的解释，X在童年期认为自己与母亲身份一致，并在父亲面前扮演了被动的女性角色，希望能有所回报。对于现有的框架：X对自己潜在的被动同性恋倾向感到羞愧，因为他害怕因此而受到轻视。他对自己的天赋夸大其词，其实是用来对抗他的女性倾向，这可以作为对他的自我蔑视和害怕被别人轻视的一种补偿。这种解读也可用于阐明X的其他怪癖，比如说，由于他潜在的同性恋倾向，他害怕受制于任何女人；同时他还害怕女人看不起他，就好像母亲轻视父亲一样。

如果分析师不在a、b、c三种倾向与童年因素a1、b1、c1之间画垂直线，而是画平行线，也就是说，如果分析师主要是去理解a、b、c是怎样真正联系在一起的，那么他就不得不考虑此类问题——为什么X虽然有好的品质和卓越的天赋，却还是那么害怕受到蔑视？为什么他对膨胀的自我认知紧握不放？分析师将逐渐认识到，X暗地里承诺的事情超出了他所能做到的。他激发了别人对他的博爱的期待，但由于恐惧和某种微妙的施虐倾向，他并不愿意也没有能力达成这种期待。同样，他还唤起了人们对他精神成就的期许，可由于自我放纵和各种各样的压抑，他无法实现这些期望。因为X不愿意或没有意识到这一点，所以他变成了一个骗子，一个只希望通过他隐晦的承诺而获得别人的倾慕、爱和支持，但实际上从不"履行承诺"的骗子。

因此a倾向：由于X对他人寄予很高的期望，所以他一直都很顺从，还不能忍受自己引起任何的敌意，因为他必须树立一个大家都认可的好人形象，因此按照大家对他的要求行事。因为基于他的无意识伪装而产生在心头的挥之不去的焦虑，他还非常需要感情。

b倾向：用崇高的形象来自欺欺人。由于主观上这种形象对他来说十分重要，所以他不能容忍任何人的质疑。只要发生这种质疑，他必定表现得敌意十足。

c倾向：他看不起自己，一部分是因为他无意识的依赖倾向，一部分是因为他的顺从，一部分是因为他一直在伪装的人生，因此他害怕别人对他也有类似的蔑视。

弗洛伊德意识到这些表面上夸张的情感反应不仅发生在分析情境中，也存在于其他亲密关系中。实际上，当将分析情境与其他情境进行比较时，复杂的问题就来了：如果说前者的爱是一种感情，它仅仅是从幼年期对象转移到分析师身上，那么也许所有的爱都是移情；但如果不是，我们又要怎样分辨哪些爱是移情而哪些不是呢？我对此类问题的理解与我对移情本身概念的理解是一样的。在分析治疗关系中，就与在其他的关系中一样，一个人整个现有的实际人格结构决定其会不会依恋他人以及为什么会依恋他人。

尽管如此，相对于在其他关系中的情况，在分析情景中依恋或依赖会更加频繁地发生，这一点确实是真实的。在分析治疗情境中，其他情绪反应从整体上来说也比在分析治疗以外的情境中发生得更加频繁、更加激烈。在分析治疗中，那些似乎对环境随遇而安的人会公然表现出敌意、疑虑重重、占有欲和苛求。

这些观察表明，也许是分析环境中的特定因素激发了这些反应。根据弗洛伊德的观点，在分析治疗中，病人的行为和感觉越来越像"幼年期"的情况，因此弗洛伊德认为分析促进了退化反应。自由联想的义务和分析师的解读以及分析师的宽容态度都使得病人放松了作为一个成年人的有意识的控制，使得幼年期的反应更自由地表现出来，揭示病人的幼年期经历将帮助他缓解往日的情绪。最后，也是最重要的一点，依照准则，分析治疗进程中病人要有一定程度的挫败感，也就是说，分析师有义务有所保留地照顾病人的欲望和需求，从而加快其情感退化到幼年期模式，同样，其他的挫败感也会促进情感退化。

在前面的内容中，我已经讨论过退化情感概念了，因此我可以继续提出我对这个问题的解释。我所看到的对于实际精神分析情境的特殊挑战是：病人习惯性的防御态度不能得到有效的利用。它们被这样揭示出来，促使心理防御下被压抑的倾向被迫来到一个明显的位置。病人产生的对于人们毫无差别的崇敬态度，实际是因为他想掩盖竞争意图。他在与分析师的关系中也试图运用相同的策略，首先是盲目地倾慕分析师，之后又很快不得不直面分析师的潜在蔑视。为了掩盖对他人无节制的要求而表现得极其谦卑的病人，在分析情境中不得不面对所有这些要求的存在及其影响。有个病人害怕别人发现自己，在其他场合，他依靠疏远他人、隐秘而严格地控制自己来避免被发现的危险。但在分析师面前，他的这种态度无法维持，因为分析治疗必定会攻击病人的心理防御———一直以来这些防御起着非常重要的作用，所以这就一定会使病人变得焦虑并诱发防御敌意。病人不得不保护自己正在使用的心理防御，他必定憎恨分析师，因为分析师对他而言就是一个危险的入侵者。

弗洛伊德的移情概念具有特定的理论和实践意义。由于他在分析中将病人不合理的情绪和冲动视为其曾经对父母和兄弟姐妹的类似情绪的重复，弗洛伊德相信，移情反应重复着俄狄浦斯关系的"疲惫规律"，他将这种频率看作最有说服力的证据，证明了俄狄浦斯情结的发生是有规律的。可是这种证据是循环论证的结果，因为释义本身的根基是这一观念——俄狄浦斯情结是一种生物学现象，因此它是无处不在的，并且过去的反应会紧接着不断重复。

移情概念的实践意义之一就是分析师对待病人的态度。根据弗洛伊德的观点，由于分析师扮演着一些幼年期里的重要角色，他自己的人格应该尽可能地隐蔽；引用弗洛伊德的一个术语，他应该"像一面镜子"。尽管这个说法基于一个有争议性的前提，但不带任何个人色彩地进行分析还是有用的，分析师不应将自己的问题强加在病人身上。同时，他不应该在与病人的相处中夹杂任何感情，因为这种感情上的参与会损害他对病人问题的清晰判断。这个提议之所以受到争议，只是因为它可能会导致分析师表现得呆板、漠然以及专横。[1]

幸运的是，分析师通常不会使自己变成严格意义上的一面镜子。尽管如此，这种理想化带给分析师的危险最终也必定会影响到病人。它会诱导分析师否认自己对病人做出了任何情绪化的反应，但更合理的做法是，建议分析师去理解自己对病人做出的个人化反应。也许实际情况是，病人希望骗他的钱、打击他所做出的努力、侮辱他或者激怒他，特别是当这些倾向被伪装过而无法认清时，分析师的确做出了反应。对于分析师来说，更好的办法是承认自己做了这些反应并以两种方式利用它们：扪心自问自己感受到的反应是不是病人确实想要去施加影响的，因此获得可将分析过程继续进行下去的线索，同时这也使分析师更好地了解了自己所面临

---

[1] 参见克拉拉·汤普森《论选择一位分析师的精神分析意义》，《精神病学》（1938年）。

的挑战。

　　分析师的情绪化反应原则可理解为"反移情"，该概念同样也会受到像对移情概念一样的反驳。根据对这种原则的理解，当分析师因病人对其努力的打击而在内心产生愤怒时，他可能会把病人与自己的父亲等同起来，因此重复着童年时期被父亲打击的情景。但是，如果通过分析师自身的人格结构就能理解清楚他的情绪反应，也就是说他确实是被病人的实际行为所影响，那么我们可以看到，他被激怒的原因是他幻想自己必定能治好每个病人，如果不行，他就会觉得这是一种对自己的羞辱。或者，我们来看一下另一个经常发生的问题，只要分析师因感到受到不公正的对待而提出过分要求，并竭力维护这些要求，他就不太可能为病人解开类似的心结；他更有可能去同情病人的困境，却不太可能去分析这种起掩盖作用的防御因素。

　　但是还需多说一点：我们越是忽略移情中的重复因素，分析师就越应该对自我分析严格对待。因为这要求分析师有无限的内心自由，去看到并理解病人在所有衍生分支上的真正问题，而不是将这些问题统统与幼年期行为相连接。例如，如果分析师本身的神经症野心和受虐倾向的问题尚未解决，他就不太可能分析出这些问题的全部意义。

　　我并不认为保留或舍弃移情这个术语会产生任何效果，倘若我们可将它从其初始意义的单方面中剥离出来：重新激活过去的情感。简而言之，我对这种现象的观点是：神经症归根结底是人际关系障碍的表现形式；分析治疗关系是人际关系中特殊的一种，现存的障碍注定会出现在分析治疗关系中，就像出现在其他关系中一样；在分析治疗所处的这种特殊环境下，分析师能比在别处更加准确地分析这些障碍，因而能说服病人看到这些障碍的存在以及它们所起的作用。如果移情概念由此能摆脱强迫性重复的理论偏见，那么它本身所能产生的效果将会立竿见影。

第十章　文化与神经症

在之前的章节中，我们已经阐述过弗洛伊德对文化因素理解的局限性以及造成这种局限性的原因。我将简要地对这些原因进行重述，并概括弗洛伊德对这些文化因素的态度是如何影响精神分析理论的。

我们必须首先记住，在弗洛伊德形成他心理学体系的那个时期，我们如今拥有的关于文化对人格的影响及其程度和本质的知识还都是空白的。另外，他倾向于将自己定位为本能理论家，因此也不会对这些文化因素进行恰当的评估。他认为神经症中的冲突只是由个人内部环境所调节的本能倾向，而不是由我们生活的外部环境所造成的。

因此弗洛伊德将那些西方文明下中产阶级神经症中普遍存在的倾向都归咎于生物学因素，故而将其视为与生俱来的"人类天性"。这种类型可表现为：巨大的潜在敌意、憎恨的意愿和能力远远大于爱的意愿和能力、情感上的孤立、以自我为中心的倾向、时刻准备着撤退、贪得无厌、无法摆脱功名利禄的纷扰。弗洛伊德没有认清所有这些倾向归根结底都是由当时特定的社会结构造成的，他将以自我为中心归结为自恋力比多，敌意归结为破坏性本能，经济困境归结为肛门期力比多，贪得无厌归结为口唇期力比多。把现代女性神经症患者中常见的受虐倾向归因于女人的天性，或者把当今儿童神经症患者的特定行为看作人类发展过程中普遍性阶段，但这些观点在那个时代都是符合逻辑的。

弗洛伊德相信所谓的本能内驱力在我们的生活中有着普遍性，他甚至认为有权利在此基础上解释文化现象。资本主义被看作是肛门性欲文化，战争是由破坏性本能的天性导致的，文化成就总的来说是力比多驱力的升华。不同文化的性质差异是由本能内驱力的不同本质导致的，这些驱力受到特有的表达或者压抑。也就是说，文化的性质差异取决于表达或者压抑主要与哪些驱力有关，是口唇、肛门、性器，还是破坏驱力。

也同样是在这些假设的基础上，他利用我们文化中的神经症现象来做类比，解释原始部落的复杂习俗。[1]一位德国作家讽刺这一过程，认为精神分析作家习惯性地把原始人看作是已逝去且未开化的神经症患者。由于贸然攻入社会学和人类学领域，精神分析引起了巨大争议，很多争论认为精神分析没有资格涉及文化议题，它在文化事件中的广义泛论过于草率鲁莽，这是不合理的。这种广义泛论概括仅仅反映了精神分析中某些具有争议的原则，但它们远不是精神分析的核心内容。

弗洛伊德对文化因素的轻视还表现在他倾向于将特定环

---

[1] 参见E.撒皮尔《文化人类学与精神病学》，《变态和社会心理学期刊》（1932年）。

境对个人的影响当成偶发的命运，而不是分析事件背后文化影响的整个力量。因此，弗洛伊德认为，在一个家庭里如果兄弟比姐妹更受宠，这也只是一种偶然，他不知道其实偏爱男孩是男权社会的一种模式。有人反对说，不管用什么方式来看待这种偏爱，对个体分析来说都是不相干的，但事实并非如此。实际上，对兄弟的偏爱是众多因素中影响女孩的因素之一，女孩会因此感到低人一等或者感觉不被喜欢；因此弗洛伊德认为偏爱兄弟只是一种偶发现象，这说明他没有看到影响女孩的整体因素。

诚然，每个家庭带给个体的童年经历确实是不同的，就算是在同一个家庭里长大的不同孩子，他们所受到的影响也是不同的。尽管如此，这些结果还是由整个文化环境造成的，而绝非偶然事件。比如说兄弟姐妹之间的竞争，在我们文化里普遍存在，因此被认为一种普遍的人类现象，这种假设是不可靠的；我们必须质问，造成这种现象的原因在多大程度上是由我们文化中的竞争性导致的。既然整个文化渗透着我们生活的方方面面，那么唯独家庭能避开这种竞争性，岂不是无稽之谈！

至此，弗洛伊德确实也考虑了文化因素对神经症的影响，但只是片面地看待这个问题。他本人只对文化环境是如何影响现有的"本能"驱力的问题感兴趣。基于这种信念，他认为，影响神经症的主要外在因素是挫折，而文化环境施加挫折于个体身上，从而导致了神经症。他相信文化会对力比多特别是破坏驱力加以限制，从而导致了压抑、内疚和自我惩罚的需要，因此他的整个偏见就是我们不得不用不满足和不快乐来换取文化带来的益处。解决之道在于升华，但由于升华的能力有限，而对"本能"驱力的压抑是所有导致神经症的基本因素之一，因此弗洛伊德认为，文化因素施加压抑的程度和频率与神经症的严重程度之间存在着数量关系。

但是文化和神经症之间的关系主要取决于质量而非数量。[1]真正的问题在于文化倾向的质量和个体冲突的质量之间的关系。研究这种关系的难度在于我们的研究能力都是有分歧的。社会学家只能为某种文化的社会结构提供信息，分析师也只能为神经症的结构提供信息。想要战胜这种研究上的困难，只能靠互相合作。[2]

当我们考虑文化和神经症的关系时，只需考虑那些神经症共有的倾向，从社会学角度来看待个体在神经症中的差异是无关紧要的。我们必须摒弃令人困惑的个体差异，而在促使个体产生神经症的环境和神经症冲突的内容上寻找相同之处。

当社会学家获得这些信息后，他即可将它们与文化环境联系起来，文化环境促使神经症的发展，也决定了神经症冲突的本质。在此需要考虑的三组因素是：产生神经质的环境，基本的神经症冲突的组成因素以及解决的方法，神经症病人展现在自己和他人面前的表象。

个体神经症的发展归根结底是从孤立感、敌意、恐惧和自我信心的丧失而来的。这些情绪本身并不会引起神经症，

---

[1] 对于这种关系更广泛的讨论参见卡伦·霍妮的《我们时代的神经症人格》（1937年）。

[2] 实际上，近年来精神病学家、社会学家和人类学家为此做了大量工作。我们在此列举一些精神病学家的名字：A. 希利、A. 迈耶、H. S. 苏利文；社会学家的名字：J. 多拉德、E. 弗洛姆、M. 霍克海默、F. B. 卡普夫、H. D. 拉斯韦尔；人类学家的名字：R. 本尼迪克特、J. 哈洛韦尔、R. 林顿、S. 麦基尔。

但它们是神经症成长的土壤，因为所有的这些因素综合起来，使得个人面对这个世界时感到潜在的威胁，从而产生无助感。基本的焦虑或者基本的不安全感促进了个体固执而苛刻地追求安全感和满足感，而这正是构成神经症核心矛盾的本质。因此，第一组与神经症相关的因素应该在文化中寻找——文化中的哪些情境会造成病人的情绪性隔离，在人群中感到敌意涌动，没有安全感并感到恐惧，感到自己无能为力。

下面我将讨论一些跟此方面相关的因素，我并不是想要闯入社会学领域，而主要是期望达成合作。若要探究西方文化中哪些因素会引起潜在敌意，首当其冲的是"这种文化是建立在个人竞争之上的"。竞争的经济原则影响到人际关系，人们互相厮杀、人们被驱使超过旁人、确立自己的优势并且利用别人的弱势。我们都知道，竞争性不仅在职场关系中占据主导地位，在社会关系、友谊、人们的性关系和家族关系中也普遍存在，因此它们具有破坏性竞争、诽谤、猜疑、记恨等特征。当下整体的不公平性不仅体现在财产分配上，还体现在受教育的机会、娱乐的机会、健身和疗养的机会等方面，这些都构成了另一组潜在的敌意因素。更深层次的因素是，一群人或一个人去剥削他人的可能性。

至于造成不安全感的因素，首先在于我们在经济和社会领域中现存的不安全感。[1]另外一个造成个人不安全感的重要因素，是普遍存在的潜在敌意紧张感所带来的恐惧：害怕成功之后招来嫉妒、害怕失败之后招来蔑视、对被责骂的

[1] 参见H. 拉斯韦尔《世界政治与个人不安全感》（1935年）；L. K.弗兰克《心理安全感》，摘自《社会经济目标对教育的影响》（1937年）。

恐惧；另一方面，对排挤他人、诽谤他人和剥削他人后招致报复的恐惧。同时，人际交往关系障碍和缺乏团结所带来的个人情绪性隔离也许是导致不安全感的重要因素；在这种情况下，个人必须利用仅有的资源来保护自己，同时又会感到十分无助。不安全感的普遍增加是因为，当今社会的传统和宗教都没有强大到足以使个体感到他是某个伟大组织中的一员，并向他提供保护，为他指明追求的方向。

最后还有一个问题：我们的文化是如何伤害个人自信的。自信是个人真正存在的力量的一种表现，如果一个人将失败归咎于自己的缺点，其自信心就会受到打击，不管这个失败是发生在社会生活、职业生活还是情感生活中。一场地震可能会使我们发现自己的不堪一击，但是它不会削弱我们的自信，因为我们承认这是大自然在主宰。个体在选择和追求目标时呈现出来的自身局限不会损伤他的自信心，但是在现实生活中，当外界的局限性没有地震那么容易察觉时，特别是在意识形态中，认为成功依赖于个人效能时，个人便会倾向于将失败归因于自己的不足。更进一步讲，在我们的文化里，个人通常并不是为了经历敌意和挣扎而存在的，然而事实上那些敌意和挣扎正在等着他。社会教会他所有人都是友好的，信任他人是一种美德，对他人持有戒心是不道德的。我认为，感受到真实存在的敌意紧张感却又要相信人世间的兄弟情义，这其中的矛盾严重地削弱了个体的自信心。

第二组应该考虑的因素是那些抑制、需求和追求所一同构成的神经症冲突。在我们的文化背景下研究神经症时，我们发现，尽管症状的表面区别很大，但根本问题却惊人地相似。我所指的这些相似性并不在于弗洛伊德所认为的性本能驱力中，而是在实际存在的冲突中，比如残暴的野心与对感情的强迫性需求之间的冲突，远离他人的愿望与完全占有某人之间的冲突，强调绝对的自给自足与对寄生虫般生活的向往之间的冲突，强迫性的谦逊低调与希望成为英雄或天才之间的冲突。

在认清个体冲突之后，社会学家必须探寻导致个人冲突的文化冲突倾向。因为神经症冲突牵涉到对安全感和满足感的追求，而它们是彼此不相容的，因此个人将不得不专门去寻求矛盾的文化方式来获得安全感和满足感。例如，个人无边界野心的神经症发展就是获得安全感、报复和自我表现的手段，在一种没有个人竞争、不对杰出人物的杰出贡献进行嘉奖的文化中，这种手段是无法想象的。对于那些对名利财富有神经症追求的人来说也一样。依赖他人而求得安心，在一种不鼓励依赖态度的文化里是不可行的。若在一种文化中，受苦和无助被认为是社会的耻辱，或者就像塞缪尔·巴特勒在《埃瑞璜》里所提到的，他们会受到惩罚，那么承受苦难与绝望将无法成为一种解决神经症两难困境的方案。

文化因素对神经症最显著的影响就是神经症病人总是急于向自己或者他人表现，他们害怕别人的不认同以及他们渴望展现出自己的不同凡响导致了这一情形，于是它包括了那些在我们文化中将会受到褒奖的品质，例如无私、爱护他人、慷慨、诚实、自控、谦虚、理性和善断等等。如果没有无私的文化意识形态，神经症病人将不会觉得自己被迫保持着一种毫不为己的姿态，不仅得隐藏着利己主义的态度，还需要压抑着追求快乐的自然天性。

因此文化环境的影响是怎样导致神经症冲突的，这个问题远比弗洛伊德看到的要复杂得多，它至少牵涉到对特定文化的彻底分析，这种分析可从以下几点入手：特定的文化环境会以什么样的方式促使人际敌对情绪的产生，这种情绪又可达到什么程度？个人的不安全感有多严重，是什么样的因素导致了他们的不安全感？哪些因素损害了个人与生俱来的自信？社会上的哪些禁忌能够导致抑制和恐惧？是什么样的意识形态在起作用，它们引导了怎样的目标或文饰作用？这种特定的环境促使、鼓励或打击怎样的需求和追求？

在我们的文化中，即使是健康的人群也会出现神经症病人所具有的这些问题。他们内心也会有着矛盾的倾向，比如竞争和感情、以自我为中心和团结一致、自大和自卑、利己和无私等等。神经症病人和健康人之间的不同在于，神经症病人的这些自相矛盾的情绪达到了更高的临界点，冲突双方都更加激烈，造成了他们更大程度上的根本焦虑，因此他们无力寻求满意的解决方案。

那么问题是，在相同的文化环境下，为什么有一些人患上了神经症，而另一些人却有能力战胜当前的困难呢？这个问题与常常被问到的关于一个家庭环境下成长的兄弟姐妹的不同情况的问题是一样的：为什么他们其中一个患上了严重的神经症，而其他人却只是受到轻微影响呢？要回答这样的问题，我们可以首先来看一个隐藏着的前提，即每个人的精神状况基本上是一致的，这种前提就要求我们从各个兄弟姐妹之间的体质差异中去寻找答案。尽管体质差异确实会影响到总体的成长，但以这种论证得出的结论无疑是错误的，因为它所依据的前提基础就是错误的。对于所有兄弟姐妹来说，只有总的心理气氛是大致一样的，他们多多少少都会受其影响。可是，从细节上来说，相同家庭中其中一个孩子的经历可能与其他孩子的经历完全不同。实际上，重要的经历纷繁复杂，天性和后天经历的影响只有通过仔细的分析才能被揭示出来，这可能是与父母的关系、父母对孩子的重视程度、父母对某个孩子的偏爱、兄弟姐妹之间的关系以及其他很多因素。一个受到轻度影响的孩子有能力战胜目前的困难，而那些受打击程度较大的孩子可能就会发展出一种冲突，从而变得无助，也就是说，他可能患上了神经症。

这个答案也可以用于回答类似的问题，即为什么只有一些人患上了神经症而另一些人却没有，尽管他们都是生活在相同的文化困境之中。患上神经症的是那些受到更加严重的困境打击的人，特别是那些童年时期受到严重打击的人。

在特定文化中，出现神经症和精神病病人的高频率说明了人们的生存环境出现了严重的问题，它表明这种文化环境下孕育出的心理问题远远高出了一般人能承受的地步。

迄今为止，尽管文化因素在各个方面都有着重要的影响，但是精神病学家对文化因素的兴趣十分有限，特别是在实践对病人进行诊疗时。文化因素可以帮助他们以一个合理的参考结构来看待神经症，帮助他们理解，为什么一个又一个的病人在基本相同的问题下苦苦挣扎，为什么病人的情况跟他们自己的问题也很相似。当他们使病人意识到，命运并不单单只对病人不公，归根结底大家都在承担这种不公正的命运，病人的症状就可以缓解。同时，如果分析师能引导病人领悟到那些被认为是禁忌的一些现象——比如手淫、乱伦、死亡意愿或者对抗父母的权威等，都有着社会性的本质，那么病人的内疚感就会得到缓解。当分析师在竞争中苦苦挣扎时，他们只有意识到自己的问题就是所有人的问题，才会有勇气去解决自身的问题。[1]

对文化影响的认识还以一种方式对治疗起着特别重要的作用：其对是什么构成了心理健康这个问题的影响。没有文化意识的精神病学家往往相信，这个问题只是一个简单的医学问题。这样的解读也许能满足那些只关注表面症状的精神病学家，比如：恐惧症、强迫症、抑郁症以及对它们的治疗。精神分析治疗的目的不止如此，分析师的任务不仅仅是消除这些症状，还要努力改变病人的整个人格，以防这种症状的复发。分析师可通过分析病人的性格来达到这种效果。但在面对病人的性格倾向时，分析师却并没有一个简单的衡量尺度来判断什么是心理健康，什么又是心理不健康，那么，不知不觉中医学标准就为社会评价所替代，也就是"正常"标准，即在特定文化或特定人群中的统计学上的平均水平。[2]这种隐含的评价方式决定了哪些问题需要解决而哪些问题可以保留。在此，"隐含"的意思就是分析师并没有意识到自己使用了这种评价方法。

那些没有意识到文化内涵的分析师诚心诚意地反驳以上观点。他们会指出，其实他们并没有进行任何评价，价值观的正确与否与他们没有任何关系，他们只是纯粹地去解决病人提出的问题。可是这样一来，他们忽视了病人的某些问题，而这些问题病人或许并没有提出或者不敢大大方方地提出来。这就阻碍了分析师对这些问题的理解：病人也认为他

---

[1] 本能理论以另一种方式提出了普遍性的安慰功能：分析师指出了特定本能内驱力的普遍性。

[2] W. 特洛特《和平与战争中的群居本能》（1915年）。

们的怪癖是"正常的"，因为他们正好与平均值一致。

例如，一位妻子倾尽全力在事业上帮助她的丈夫，她有能力并且成功地为他处理了各项事宜，然而，她自己的才能和事业依旧毫无起色。由于这个现象看起来很"平常"，所以分析师认为这种态度并没有什么问题，这个女人自己也没有感到或认识到出了什么问题。当然，这也并不一定非是出了什么问题，也许丈夫的才能比妻子更出色。也许妻子深爱丈夫，她将最突出的才能蕴藏在对丈夫无私襄助的同盟之情中，而这也恰恰是让她感到最幸福的事情。但是，在另一个病人身上，这种情况却截然不同。我仍然记得，曾经有一个病人比自己的丈夫更有天赋，但她与丈夫的关系十分糟糕，她最严重的问题之一是她完全不能为自己做任何事情。但是这种女性态度从表面上看很"正常"，因此这个问题往往会被忽视。

另一个同样很少被分析师看到、病人也从未提出问题的是，病人没有能力就一个人、一件事情、一种制度和一种理论做出判断；这种不确定性常常容易被忽略，因为对于有着自由主义思想的普通人来说，这很"正常"。[1]与前面的例子一样，这种特点一定会对每一个病人造成困惑，但是有时病人显著的恐惧会被凡事都应该忍让的表面态度所掩盖。一个人可能会特别害怕，一旦站在批评的一方就会引发敌意或者遭到疏远，因此不敢朝着内心的独立迈进。在这种情况下，分析师没能注意到病人缺乏必要的洞察力，也没有对这个问题进行分析，这样就无法触及病人最深层次的问题。

---

[1] 参见艾瑞克·弗洛姆《关于社会制约的精神分析治疗》，《社会研究期刊》（1935年）。

　　自然，分析师在文化意识方面的缺乏还将以更多更严重的形式表现出来，因为他们的这种缺乏是显而易见的，对此无需再进行讨论。因此，分析师可能会觉得有必要去处理病人的开拓精神，但却没有触及病人对保守准则的坚持；同样，分析师也许还能看到病人对精神分析理论的质疑态度，但实际上却忽视了问题可能出在病人对理论的接受之中。

　　因此，对现存的文化评估缺乏意识，再加上之前所讨论的某种理论偏见，共同导致了分析师对于病人所提供材料的片面选择。在精神分析治疗中，与教育类似，我们的目标无意中就适应了"正常"的标准；只有在性欲问题中——由于良好的性生活方式被视为心理健康的基本因素，分析师才意识到目标应独立于现有的广为接纳的实践之外。分析师应该遵照特洛特所说的：正确区分心理正常和心理健康，并理解后者是内心自由状态的表现，在这种状态下，"自身所有的能量都能得到运用"[1]。

---

[1] W. 特洛特《和平与战争中的群居本能》（1915年）。

第十一章　"自我"和"本我"

　　"自我"的概念本身就有着前后不一的矛盾。弗洛伊德在他最近的论文[1]里声称，神经症冲突是介于"自我"和本能之间的，这样看来，"自我"与本能追求是有区别的，甚至是相互对立的。如果真是如此的话，就很难看到"自我"具体包含了些什么。

　　"自我"原本只包含力比多以外的内容，它包含着我们自身非性欲的那一部分，服务于纯粹的自我保存需求。但自从引入自恋概念后，过去的大部分归纳为"自我"的现象都被认为有着力比多的本质：关心我们自己、追求自我膨胀、追求名望、自尊、理想主义和创造力。[2]后期，"超我"的概念也被引入，从此道德标准、规范着我们行为和感情的内部准则，也变成了具有本能的本质（"超我"就是自恋力比多、破坏性本能与过去性依恋的派生物的混合体）。因此

---

　　[1] 西格蒙德·弗洛伊德《可终止与不可终止的分析》，《国际精神分析期刊》（1937年）。

　　[2] 西格蒙德·弗洛伊德《论自恋：导论》，《论文集》第四卷（1914年）。

弗洛伊德认为，"自我"和本能相互对立的这一观点并不清晰。

只有从弗洛伊德各种各样的笔记手稿中搜集资料，我们才大致得出他将哪些现象归纳为"自我"。它似乎包含了以下几组因素：自恋现象，"本能"的去性化衍生物（例如通过升华或反向而形成的品质），本能驱力（比如无乱伦性质的性欲），经过改变而变得能为个人所接受——可能就等同于能为社会所接受。[1]

因此，弗洛伊德的"自我"不是本能的对立面，因为它自己的本质也是本能。在他的一些作品中，我们发现"自我"更像是"本我"的有序部分，"本我"是原始的、未经修饰过的本能需求的总和。[2]

"自我"的基本特征是软弱，所有的能量来源均在"本我"，"自我"在借来的力量上生存，[3]"自我"的喜好与厌恶、目标和决定都是由"本我"和"超我"决定的；它必须照顾到本能驱力，使它不至于与"超我"或者外界发生危险的冲突。就像弗洛伊德所描述的，它有三重依赖——依赖于"本我""超我"和外界，并在它们之上发挥作用，就好像在三者中间周旋。它希望能享受"本我"所追求的满足感，但又不得不遵守"超我"的禁令。它的弱点就像是一个自己本身没有任何资源的个体，希望从一方获得好处，同时又不损害对立方的任何利益。

---

[1] 尽管在总体上弗洛伊德将"超我"视为"自我"的特殊部分，但在一些论文中，他却强调两者的冲突。

[2] 西格蒙德·弗洛伊德《群体心理学与自我的分析》（1922年）。

[3] 西格蒙德·弗洛伊德《自我与本我》（1935年）。

在评价"自我"的概念时，我所得到的结论差不多就等于我针对弗洛伊德每一条学说所提的结论：尽管基本观察敏锐而深刻，但是它们的建设性价值却被磨灭了，因为它们被整合进了一个没有建设性的理论体系中。从临床的角度来看，人们确实认可这种概念。慢性神经症病人给人的印象就是他们无法主宰自己的生活，他们被情绪力量所控制，他们不理解这种情绪也无法控制它。他们必然只能以生硬的方式来采取行动或者做出回应，这种举措与他们的智力判断成反比。他们待人接物的方式不是由有意识愿望和有意识价值决定的，而总是被某些强制性性格中的无意识因素所左右。这就是强迫性神经症病人最显著的特征，对于严重的神经症病人来说大致上也是如此，更别说精神病病人了。弗洛伊德为此做了个比喻，当一个人骑着马，他以为马会听他的掌控，去到任何他想去的地方，想不到他实际到达的地方却是马想去的，这就是对神经症"自我"的描述。

但是，此类神经症观察却无法得出这样的结论："自我"从总体上来说只是本能经过修饰的部分。即使是对神经症来说，这也无法作为一种结论。假如一位神经症病人对他人的同情在很大程度上是经转化后的施虐癖或者外化的自我怜悯，这也并不能证明对他人的某些同情不是"发自内心"[1]的。或者说，假如病人对分析师产生的倾慕之情，很大程度上取决于他在无意识中期待奇迹的发生而分析师可能为他呈现了这些奇迹，或者取决于其排除任何形式的竞争的无意识努力，那么，这也不能证明他不是"发自内心"地欣

---

[1] "发自内心"在此处的意思是：该问题中的感情或者判断，不需要被进一步地分析出它所具有的所谓本能成分，它本身已经包含着基本的和自发的意义了。

赏分析师的水平或是他的人格。我们来考虑一种情况，A有机会通过诽谤言论来伤害对手B。由于一些无意识感情上的因素，A可以阻止自己的行动，他可能害怕B的报复，他也许不得不保持一种自己眼中的正直形象，他可能只是想表现出他超越了仇恨，从而在他人之中赢得好口碑。但所有的这些描述并不能证明，他克制自己的诋毁言论是因为他感到诽谤B会有失自己的体面，也不能证明他可能无法有意识地确定类似的报复太廉价或者太阴险。道德品质在何种程度上是由文化因素决定的呢？在此讨论这个问题可能会离题太远。但我认为，"单纯"还是存在的，弗洛伊德不能利用本能的概念来否认它，相对主义者也不能用社会评价和条件来屏蔽它。

　　相同的情况也适用于精神健康的个人。他们可能也会欺骗自己，声称自己并没有这样或那样的动机，但是这也不能证明他一贯如此。由于他们很少受焦虑折磨，因此相对于神经症病人来说，他们较少地受制于无意识驱力。弗洛伊德对他所得出的结论都没有提供充分的证据。因此在"自我"的概念中，弗洛伊德否认——而且在力比多理论的基础之上必须否认——任何判断或感情都不能分解成更基本的"本能"单位。总的来说，他的观点是指，在理论基础上，对人或事件的任何判断都必须被视为对"更深层次的"情绪动机的合理化，对一种理论的批判立场应该被看作根本的情感阻抗。这就意味着，从理论上讲，人们没有好恶、没有同情、没有慷慨[1]、没有公正的感觉、没有奉献精神，在最后的分析

---

[1] 在之前提到的一篇论文中，当说到慷慨大方的人可能也会出现令人惊讶的孤立的吝啬倾向时，弗洛伊德声称，"他们表明任何值得称赞和有价值的品质都是基于补偿与过度补偿之上的"。

中，这些在根本上都不是由力比多或破坏性驱力所决定的。

否认心理亦能依靠它们自身而存在会导致评判的不可靠，例如，这将导致被分析的人不会无所保留地对任何事情表明立场——他们的判断仅仅是对无意识偏爱或者厌恶的表现。这也可能促成一种错觉，即对于人类本性的远见卓识体现在探查他人做出的每一个评判和感受的隐秘动机之中！这样会导致一种自鸣得意和无所不知的态度。

另一个后果是它促使了感情不确定性的发生，因此导致了感情变肤浅的危险，对"仅仅因为"多多少少的意识会轻易地危害到情感经历的自发性和深度。因此，人们常常会感觉到，尽管一个经过分析治疗的人适应力更好，但是他却变成了"不太真实的人"，或者有人会说，他有点死气沉沉。

对这种效果的观察，有时会被用来维系一种早已存在的谬论——太多的意识会使人进行徒劳的"内省"。但是，"内省"并不是由更加强烈的意识造成的，而是由于人们隐隐相信着无处不在的动机，而这种动机被认为是劣等的。弗洛伊德认为它们在价值上是低劣的，但是他期望能从科学的角度来看待它们，并强调它们已经超出了道德评价范围，就好像受本能驱使的三文鱼在排卵期间奋力逆流而上的行为。正如经常发生的那样，我们狂热地追求一种有效的新发现，然而到头来才知道这种发现已经完全失去了价值。弗洛伊德已经教会我们如何对我们的动机进行怀疑性地审视，他已经展示过了无意识自我中心和反社会驱力的深远影响。但是，评判不仅仅是对个人所持的正确或错误的观点的表达，个人无法因为相信某件事情的价值而愿意为它付出一切，友谊也不是良好人际关系的直接表达，这些主张都太过武断。

在精神分析文献中，相对于对"本我"认知的广泛程度，我们对"自我"知之甚少，这常常被视为一种遗憾。这种缺失是由精神分析法的历史发展所导致的，因为它首先侧重于对"本我"的研究。学术界期待着对"自我"的研究也能加紧开展，但可能会事与愿违，弗洛伊德本能理论的介入使得"自我"没有多少空间和生命力来发挥上述作用。只有摒弃本能理论，我们才能研究"自我"，但这就与弗洛伊德的初衷大相径庭了。

由此一来，"自我"概念近似于弗洛伊德的描述，但它并不是人类与生俱来的本质，而是一种特殊的神经症现象。它也不是由个体构造中的天生本质发展成神经症的，它本身就是一种复杂进程的结果，是与原先的自己疏离的结果。我曾经在其他场合将这种与自身疏离的现象称为影响自我自发性发展的障碍，[1]这是关键的因素，它不仅是神经症发展的根基，同时也阻挠个人摆脱自己的神经症。如果个人不能与自己疏离，神经症病人也不可能被自己的神经症倾向驱使着朝着那些本质上与他们不相容的目标发展。此外，如果神经症病人没有失去评价自己或他人的能力，他就不可能像现在这样依赖别人，因为不管是对何种类型神经症依赖的最终分析，都是基于这样一种情况，即个人已失去了以自己为重心的生活方式，转而依赖外部世界。

我们如果摒弃弗洛伊德"自我"的概念，就能为精神分析治疗法开辟一条新的道路。只要"自我"的本质还被视为"本我"的随从和领导者，那么它本身就很难是治疗的对

---

[1] 参见第五章《自恋的概念》；第十三章《"超我"的概念》；第十五章《受虐现象》；第十六章《精神分析疗法》。

象。我们对治疗的期待应该是，希望看到"未被驯服的激情"变得更加适应"理性"。但如果这种"自我"及其弱点被视为神经症的本质部分，那么改变它就成了治疗的任务。分析师就应该有意地追求终极目标，使病人重新拥有他们的自发性和判断力，或者就像詹姆斯所说的，唤醒他们的"精神自我"。

弗洛伊德根据自己将人格解剖为"自我""本我""超我"的假设，得到了关于神经症中的冲突本质和焦虑本质的公式化表述。他认为冲突有三种不同类型：个人与环境的冲突，这种冲突最终导致了其他两种类型的冲突，这两种类型不仅限于神经症；那些在"自我"和"本我"之间的冲突，导致"自我"可能被本能驱力的巨大力量所压倒的危险；那些"自我"和"超我"之间的冲突，引发了对"超我"的恐惧。这些观点将在后续章节中进行讨论。[1]

抛开这些术语性和理论性的细节不说，弗洛伊德关于神经症冲突的概念大致包括以下内容：因为人类的本能，人类与环境不可避免地要发生冲突；个人与外界发生的冲突继续在个人身上延续，从而促成了一种未驯服的激情与理性或道德标准之间的冲突。

我们无法回避的印象是，这个概念在科学层面上紧随基督教意识形态，这样的冲突包括：好与坏、美德与道德败坏、人的兽性与理性。这本身不会招致批评，问题在于神经症是不是真的具有这种本质。观察神经症所得出的结论让我得出以下几点粗略的假设：人类与环境的冲突并不是像弗洛

---

[1] 参见第十二章《焦虑》和第十三章《"超我"的概念》。

伊德设想的那样不可避免，如果真的有冲突，也不是因为人的本能，而是因为环境激发了人的恐惧和敌意。个人发展出的神经症倾向，尽管它们可以作为应对环境的一些手段，但在其他方面，它们又加强了个人与环境的冲突。因此我认为，我们与外界的冲突并不仅仅是神经症的根源，还是构成神经症障碍的重要部分。

另外，我认为弗洛伊德通过图式化的方法来定位神经症冲突的方式并不可行。实际上，它们可以由各种各样的原因引起。[1]比如，两种不相容的神经症倾向之间的冲突，就好像对专制权力的欲望与依赖他人的需求之间的冲突。一个单独的神经症倾向也许本身就包含着冲突的因素，比如说表现完美的需求就包含着顺从和抵抗这两种倾向，希望呈现完美形象的需求会与种种不符合这种形象的倾向相冲突。有关冲突的本质、冲突在神经症患者性格中所扮演的角色、冲突对患者生活的影响的内容，在整本书中常常被明确或隐晦地讨论到，因此我不需要在此长篇累牍。我将要讨论的是，对神经症冲突的不同观点，是如何导致我们对神经症中的焦虑产生不同见解的。

---

[1] 弗朗茨·亚历山大是第一位指出神经症冲突存在不同类型的学者［参见他的《结构性冲突与本能性冲突的关系》，《精神分析季刊》（1933年）］。

第十二章　焦虑

对那些同弗洛伊德一样，试图从根本上以有机生理为基础解释心理现象的人来说，焦虑是一个具有挑战性的问题，因为它与生理过程有着密切的联系。

事实的确如此，焦虑常常与生理症状同时发作，比如心悸、冒汗、腹泻和呼吸急促等。无论是否意识到了焦虑，这些生理上的并发症都可能随之发生。比如说，在体检之前，病人可能已经开始腹泻了，并清醒地意识到自己产生了焦虑。但病人也有可能在没有意识到任何焦虑的情况下就开始心悸或者尿频，到后来才恍然大悟之前肯定是出现了焦虑情绪。尽管在焦虑时，情绪性生理表现十分明显，但这些特征并不是焦虑所特有的。在抑郁时，生理和心理过程都会逐渐放慢脚步，兴高采烈可以改变肌肉的紧张度或使步履变得轻盈，勃然大怒会使得我们浑身战栗、感到一股血突然涌入大脑。另外一个常常用来指出焦虑和生理因素之间关系的事实是：焦虑可能是由化学物质导致的，但这一点也不只是适用于焦虑。化学物质也可能促使人亢奋或者昏昏欲睡，它们的作用不构成心理问题。心理问题只能是：什么样的心理状况造成了这种焦虑、昏睡和亢奋的状态。

焦虑是一种面对危险时的情绪反应，就像恐惧一样。使焦虑与恐惧相对立的特征首先是它的扩散性和不确定性。人们就算面对一种具体的危险，比如说地震，也还是会对未知产生恐惧。神经症焦虑症也具有这种类似的特征，不管危险是捉摸不定，还是已经清楚的以非常具体的情形表示出来了，比如说，恐高症。

其次，就像戈德斯坦指出的那样，[1]有些部分会因受到危险的威胁而激发焦虑，它们是属于人格的本质或者核心的。对于自己最重要的价值取向是什么，不同的人会有不同的看法，而且这些看法五花八门，差异很大。同样，不同的人所感受到的致命威胁也是完全不同的，尽管有些价值观的重要性几乎是一样的，比如生命、自由和孩子。对于每个人来说，具体哪些事物具有最重要的价值，完全取决于他的生活状况和人格结构，具体举例来说，可能对个人有价值的事物包括：身体、财产、声望、信念、工作和爱情。我们马上就会看到，对这一焦虑产生的条件的认知，为我们提供了一种建设性的指导来理解神经症中的焦虑。

再次，就像弗洛伊德所正确强调的，焦虑与恐惧的对立体现在，它包含了一种在面对危险时产生的无助情绪。无助可能是由外界因素造成的，比如地震，也可能是由内在因素造成的，比如软弱、胆小和缺乏主动性。因此，相同的情境是会激发恐惧还是导致焦虑，这将取决于个体的能力或者面

---

[1] 科特·戈德斯坦《恐惧问题》，《健康保险中有关精神分析的普遍治疗》第二卷。

对危险时想要解决问题的意志。让我用一个病人告诉我的故事来说明这个问题：一天晚上，病人听到隔壁房间有响动，好像有强盗企图入室抢劫。她当时胆战心惊，一身冷汗，无比焦虑。过了一会儿她起床并走到她大女儿的房间里。她的女儿也很害怕，但是她决定采取行动来面对危险，她走到那个有响动的房间，当时那人正企图进入房间。这么一来，她竟然把坏人赶走了。这位母亲面对危险时感到无助，而女儿却不是；母亲产生焦虑，女儿产生恐惧。

因此，如果希望能对任何类型的焦虑都给出令人满意的解释，就必须回答三个问题：是什么在面临危险？危险的来源是什么？面对危险时感到无助的原因是什么？

神经症焦虑的问题是缺乏明显的激发焦虑的危险源头，或者是存在的危险与表现出的焦虑的强度不成比例。我们认为使神经症病人恐惧的危险仅仅是想象中的，神经症焦虑的强度，至少能与由显而易见的危险激发的焦虑症的强度持平。弗洛伊德一直引领我们理解这种使人困惑的情形，他坚信，不管表面上看起来是如何自相矛盾，神经症焦虑中所恐惧的危险与客观焦虑中所面临的危险是一样真实的。区别在于前者的危险是由主观因素造成的。

在寻找这些牵涉到的主观因素的本质时，弗洛伊德以他一贯的方法将神经症焦虑与本能根源联系在一起。根据弗洛伊德的理论，简单地说就是，危险的来源是本能张力的程度或“超我”的惩罚力量，危险的目标是“自我”，无助是由“自我”的弱点和它对“本我”和“超我”的依赖组成的。

对“超我”的恐惧将在“超我”的章节中讨论，在此，我仅针对弗洛伊德所谓的更严格意义上的神经症焦虑，也就是自我对被"本我"的本能要求完全压倒的恐惧。这种理论归根结底还是与弗洛伊德的本能满足观点一样，依赖于同样的机械论观点：满足是本能张力减弱的结果，焦虑是本能张力增长的结果。神经症焦虑中真正令人恐惧的危险是幽闭的受抑制驱力所导致的张力：当孩子被母亲独自留在一边，他会感到非常焦虑，因为他无意识地预测到了因力比多驱力受挫而产生的力比多驱力的郁积。

弗洛伊德在一类观察中找到了对这个机械论概念的支持，即当病人有能力表达迄今为止曾受压抑的对分析师的敌意时，他的焦虑就会缓解。在弗洛伊德看来，正是受压抑的敌意导致了焦虑的发生，一旦敌意被释放，焦虑也就随之缓释。弗洛伊德认识到，缓解可能是由于分析师并没有以责备和恼怒来回应这种敌意，但是他未曾看到，这种解释足以夺走他机械论概念的唯一证据。弗洛伊德没有对这个情况进行总结，这就再一次证明了理论偏见对于心理过程的阻挠程度。

尽管害怕受到责备与报复的心理的确可能促成焦虑的发生，但仅凭这一点是不足以解释焦虑这一概念的。为什么神经症病人如此害怕这种结果呢？如果我们接受这个前提——焦虑是对至关重要的价值观受到威胁时的反应，那么如果没有弗洛伊德的理论前提，病人因为自己的敌意而感到濒临危险，这又是怎么一回事呢？

每个病人对此都有着不同的回答。如果是有着严重受虐倾向[1]的病人，他们会感到自己对分析师的依赖就好像自

---

[1] 参见第十五章《受虐现象》。

己一直以来对母亲、校长和妻子的依赖一样；如果没有分析师，他们将感到自己无法生活下去，分析师有着一股魔力，要么可以摧毁他们，要么可以满足他们的所有期待。他们的人格结构就是这样，他们在生活中的安全感依赖于这种服从状态，因此维持人际关系对于他来说是关乎生死的一件事情。其他的原因还有，这类病人自身产生的任何敌意都会让他们联想到被抛弃的危险。因此，任何敌意冲动一旦出现，他就会产生焦虑。

但如果他们是那种特别需要有完美表现[1]的类型，他们的安全感则依赖于满足他们自己特定的标准或者达成他们自认为被期待的样子。如果他们的完美形象本质上是由理性、泰然自若和彬彬有礼组成的，那么，他们只要预见敌意情绪的爆发，就足以产生焦虑，因为这使他们联想到了遭受谴责的危险，这对于完美主义的人来说是致命的，就好像遭到抛弃之于受虐病人一样。

其他对于神经症焦虑的观察总是与这种普遍原则相一致。自恋类型的人们将安全感建立在他人对自己的欣赏和倾慕之上，失去这种欣赏和倾慕对于他们来说是致命的危险。在他们身上，焦虑产生的原因是他们身处一个没有人赏识他们的环境中，就好像那些原本在本土受人爱戴的人逃亡到海外一样。如果个人的安全感来自于对他人的融入，那么将其孤立就会导致他的焦虑。如果一个人的安全感依赖于他的默默无闻，那么他一显露头角，便会感到焦虑。

通过对这些资料的审视，我们可以得出一个有根有据的

---

[1] 参见第十三章《"超我"的概念》。

结论，即神经症病人的特定神经症倾向决定了他们会碰到什么危险并导致焦虑症的产生，也就是说，病人神经症倾向所追求的安全感来源决定了他可能面临的危险。

在神经症焦虑中，是什么在面临危险呢？对于这个问题的解读可以帮助我们轻易地回答什么是危险的源头这个问题。这个回答是比较普遍的：但凡可能危害到个人特定保护性追求及特定神经症倾向的事情，都可能激发焦虑。如果我们理解了人们获得安全感的主要手段，就可以预测哪些因素可能激发他们的焦虑情绪。

危险的源头有可能来自外界环境，就像刚才提到的逃离家园的难民，他突然失去了获取安全感所必须的声望。同样的，一个女人总是受虐性地依赖于她的丈夫，如果由于外部环境——比如说患病、出国或者另外一个女人，导致她面临失去丈夫的危险，那么她就会陷入焦虑之中。

也许，危险的来源就暗藏在神经症病人自己身上，这使理解神经症焦虑变得更加复杂。病人自身的各种因素——正常的感觉、敌意的反应、抑制、矛盾的神经症倾向，只要它们危害到了病人的安全机制，就都是危险的来源。

神经症病人的焦虑可能只是由小小的错误或者正常的感觉及冲动引发。比如，有些人的安全感是基于对完美的追求之上的，当一些常人都会犯的错误或判断失误——类似于忘记名字或者没有考虑到旅行安排中的所有可能性——发生在这一类人身上时，焦虑就会产生。同样，一个下定决心要表现得无私的人，自己的一个微小而合理的欲望就会激发他的焦虑；一个把冷漠、离群看作安全感基础的人，如果他萌生了爱情或者依恋，那么他就会变得焦虑。

在所有这些被视为威胁的内部因素当中，敌意毫无疑问位居首位。这有两重原因。各种各样的敌意反应在神经症中尤为常见，因为每一种神经症，无论它们有着怎样的特殊本质，都会使人变得软弱和脆弱。相对于健康人来说，神经症病人更频繁地感到被拒绝、被虐待、被侮辱，因此他们更频繁地反映出愤怒、防御性攻击、嫉妒、诋毁或者施虐冲动。另外一个原因是，无论他们对别人的恐惧具有怎样的形式，这种恐惧都是十分强烈的——除非他们觉得不计后果的鲁莽的敌意攻击对他们来说是一种保持安全感的手段，但是这相对来说不常见，因此，他们不敢轻易惹怒对方。但是，频发的敌意作为一种导致危险的因素，不能诱使我们断言焦虑是由敌意本身引起的。就像前面的讨论中所暗示的，我们必须精确地弄清楚，敌意究竟把什么放置在了危险的境地中。

抑制本身并不会激发焦虑，但是如果它危害了某些重要的价值观，焦虑就有可能发生。因此，如果为了确保船只能够躲开即将发生的碰撞，长官就必须下令让它改道，可偏偏就在这时，他的手和声音完全不听使唤，他将陷入惊恐，而这种惊恐与神经症焦虑一模一样。比如说对于做出决定的抑制，它本身并不能助长焦虑，但如果它无法在关键时刻战胜困难，那它就会趋向于导致焦虑。

最后，神经症倾向也会因现有的与之矛盾的倾向而濒临危险。如果渴望独立的驱力威胁到了一段依赖关系，而这段关系对于维系安全感也同等重要，那么焦虑就会产生；同样，如果个人的安全感主要依赖于独立感，那么朝向受虐依赖的驱力可能会激发他的焦虑。在每一种神经症中，互相冲突的倾向不胜枚举，因此一种倾向威胁到另一种倾向的可能性无穷无尽。

　　但是我们不得不考虑这样一个问题：存在相互矛盾的倾向并不都会导致焦虑的发展。处理相互矛盾的倾向有多种可能性，一种倾向由于被抑制得太彻底，甚至都不会干预到其他任何倾向，它也有可能被幻想代替；还可能有一种妥协的办法，就是被动地抗拒，这就是一种在对抗和顺从之间做出的妥协；也可能是一种倾向单纯地压制着另一种倾向，对低调的强迫性需求可能抑制了同时存在的强迫性野心，这些不同的解决方案可以创建一种不太稳定的均衡。当这种均衡受到破坏，个人的安全机制因此而受到或多或少的威胁，焦虑就产生了。

　　与弗洛伊德提出的概念进行对比，将有助于阐明我自己提出的神经症中焦虑的概念。根据弗洛伊德的观点，危险的根源来自"本我"和"超我"，就像我之前所提到的，他的这一观点与我提出的神经症倾向大致相同。根据我的观点，危险的根源是不确定的，它可能包含着内部或外部因素；激发焦虑的内部因素不一定是驱力或者冲动，正如弗洛伊德所说，它也可能是一种抑制。神经症倾向也可能是危险的根源，若真是如此，那么它就与其他刺激因素有着相同的理由：它危害到了至关重要的安全机制。

　　在我的概念里，神经症倾向不是这种危险的根源，而是濒临危险的东西，因为安全感建立在未受阻碍的神经症倾向的正常运作之上，而焦虑会在它们无法发挥作用的时候即刻发生。另一个关于这种区别的分歧就是，弗洛伊德认为"自我"面临着危险，但我却认为是个人的安全感面临着危险，因为个人的安全感基于神经症倾向的正常运作。

我与弗洛伊德在神经症焦虑观点上的不同，归根结底是我们在讨论力比多理论和"超我"理论时所持观点的不同。据我的判断，弗洛伊德认为本能驱力或它们的衍生物是为了维护安全感才发展出来的倾向，它们由"基本焦虑"决定。[1]因此，根据我对神经症的理解，我们必须区分两种类型的焦虑：一是基本焦虑，即对潜在危险的回应，二是显性焦虑，即对显性危险的回应。"显性"这一术语在此处的意思并不是"有意识的"，每一种焦虑，不管是潜在的还是显性的，都会受到各种各样的因素的压抑；[2]焦虑本身并不一定会被有意识地感受到，它可能仅在梦中显现，也可能伴随着生理症状，或者表现为烦躁不安。

这两类焦虑之间的差异可用一种情境来说明。让我们设想一下，一个人在未知的国度里旅行，他只知道周围危机四伏：充满敌意的土著居民、危险的动物、食物的匮乏。只要他有枪和食物，他就会意识到潜在的危险，但是他不会有显性焦虑，因为他觉得自己能够进行自我保护。但是如果他弹尽粮绝，那么危险就变得显著了。如果生命对他来说是最根本的价值之所在，那么他马上就会出现显性焦虑。

基本焦虑本身就是一种神经症表现，它在很大程度上是由这种冲突导致的——对父母既依赖又抵抗。对父母的敌意必须受到抑制，因为他要依赖父母。就像我之前在一本书[3]

---

[1] 参见第三章《力比多理论》。

[2] 实际上，人们对于自己焦虑所持的不同态度值得我们对其进行深入仔细的观察，因为它们揭示了极其重要的特质。

[3] 卡伦·霍妮《我们时代的神经症人格》第四章（1937年）。

中提到的，敌意的压抑导致个人没有防御能力，因为压抑使他无法看清必须对抗的危险。如果他压抑自己的敌意，这就意味着他不再认为某些人对他而言代表着一种威胁；因此他在很多场合会表现得顺从、遵守纪律和友善，其实那些都是他应该提高警惕的场合。这种防御无能以及对遭到报复的恐惧尽管受到压抑，但还是持续存在着，这就是神经症病人在敌意四伏的世界上感到孤立无援的重要原因之一。[1]

　　第三个与如何理解焦虑有关的问题仍然亟待解决：个人在面对危险时的无助。弗洛伊德认为造成这种无助的原因是"自我"的弱点，而它的弱点是由其对"本我"和"超我"的依赖造成的。根据我的观察，无助在一定程度上是隐藏在基本焦虑里的。另外一个原因是神经症病人身处危险境地，他死守着他的安全机制，这的确以某种方式保护了自己，但是这也使他对别人没有任何防御能力。他就像一个钢丝绳舞者，必须保持均衡以防从钢丝绳上掉下来，但这却让他在面对其他可能发生的危险时无能为力。最后，无助隐藏在神经症驱力的强迫性本质中。造成神经症焦虑的主要内部因素也有强迫性的特点，因为它们就根植在僵化的神经症结构中。神经症病人没有任何力量来克制自己不对某种刺激做出带有敌意的回应，甚至也不能减少自己的这种反应，尽管这种反应会使自己遭遇危险。他没有力量去驱散惰性，哪怕只是暂时性的驱散，不管这种惰性是多么强烈地

---

　　[1] 神经症基本焦虑与人类普遍现象Urangst（原始焦虑：起源于面对野生动物尖牙利齿的原始焦虑）的区别在于：Urangst是人类面对现存危险——疾病、贫穷、死亡、自然力量和敌人时的一种无助的表现。然而在基本焦虑中，无助在很大程度上是由被压抑的敌意，以及当危险主要源于预想中他人的敌意时所产生的感觉造成的。

危及到了他同样强迫性的野心追求。神经症病人常常抱怨有被束缚的感觉，这是完全有可能的。显性焦虑最重要的部分就是病人陷入了两难境地，且两边都具有强迫性，这令他感到万分无助。

　　焦虑概念中的改变势必会带来治疗方式上的改变。一位遵循弗洛伊德观点的分析师在回应病人的焦虑时，会去寻找受压抑的驱力。当焦虑在精神分析治疗过程中上升时，他会在脑海中提出这样的问题：病人是否在压抑对分析师的敌意，或者他是否存在自己没有意识到的性欲望。此外，分析师的思维一旦由理论前提所引导，他将期待找到众多诸如此类的感情因素，并在实际解释这些因素时感到尴尬窘迫，最终，他还是要借助一种概念——那就是一定数量的欲望或者敌意代表着一种未被破坏的幼年期情感，它曾经一度受到抑制，但是现在它复活了，并移情到了他的身上。

　　根据我对焦虑的理解，分析师在面对病人的焦虑问题时应把握适当的时机向病人解释，焦虑常常使病人处于一种激烈的两难困境中而又不自知的结果，因而鼓励他去寻找这种两难困境的本质。再回到我们的第一个例子，那个对分析师表现出敌意的病人，分析师在理解了这种敌意反应的原因之后，就应该告诉病人，尽管揭示他的敌意能缓解他的焦虑，但这并不能完全解决他的焦虑问题，人们也会在没有焦虑的情况下感到敌意；如果焦虑还在继续，他可能就会感到，敌意使他的一些重要的东西处于危险之中。对这个问题的深究——如果成功的话，将揭示出由于敌意而遭到危险的神经症倾向。

　　根据我的经验，这种方式不仅可以在短时间内解决病

人的焦虑，还可以了解到有关病人性格结构的重要信息。弗
洛伊德说得很对，梦的解析是理解病人无意识过程的"王
道"，这种说法同样也适用于对显性焦虑的分析，对一种焦
虑情势的正确分析是了解病人内心冲突的主要途径之一。

第十三章　　"超我"的概念

　　弗洛伊德的"超我"概念是建立在下面这些主要观察的基础之上的：某些类型的神经症病人似乎在坚持特别严格与高尚的道德标准，他们生命中的动机力量不是对快乐的渴求而是对公正和完美的热切追求，他们被一系列的"应该"和"必须"所主宰——他们应该把工作做到尽善尽美，在各种领域都能有所建树、拥有完美的判断能力、做一个模范丈夫、模范女儿、模范女主人，等等。

　　他们强迫性的道德目标十分严苛，他们绝不容许出现任何自己无法控制的情况，不管是内部的还是外部的。他们觉得自己应能控制所有焦虑，不管这种焦虑有多严重，自己应该永远不受伤害，并且永不犯错。如果达不到自己所设立的道德要求，他们就会感到焦虑或者内疚。在这些要求的紧紧控制之下，如果目前没能达到要求，病人就会责骂自己，甚至连过去的一些失败都不放过。虽然他们是在艰难的环境中长大的，但他们觉得自己不应该被那些环境所影响；他们应当永远坚强地去面对任何虐待，没有任何的恐惧、顺从、愤怒等情绪。他们承担着超乎寻常的责任，这一点很容易被错误地归因为童年时期的内疚感。

这些需求的无条件性也体现在其被无差别地应用上：这类人可能认为喜欢每一个人是一种义务，不管他们是不是令人讨厌；如果他们没有能力做到这一点，就会对自己苛责不已。举例来说，有一个病人谈到一个女人，说这个女人不近人情、以自我为中心、不考虑别人的感受、吝啬，接着病人就会开始"分析"自己不喜欢这个女人的原因。我打断病人的陈述，并问她为什么认为自己一定要去喜欢这个女人，因为对我来说，我有充分的理由去讨厌这个特定的人；至此，病人感到心情放松了很多，她这才意识到，无论他人是好是坏自己都要无差别地去喜欢他们，这其实一直是她的一条不成文的原则。

这些标准的强制性本质的另一方面，弗洛伊德称其为"自我疏离"的特征。他的意思是，个人似乎没有权利对自我强制施加的原则说不；不管自己是否喜欢它们，不管自己是否赞同它们的价值，这些都不重要，就像自己无差别地应用它们的能力一样。它们毫无疑问地、不可阻挡地存在着，人们必须遵守。如有任何背道而驰的情况，个人都必须有意识地在心中将其正当化，否则内疚感、自卑感或者焦虑就会接踵而来。

个人可能会意识到强制性道德目标的存在，例如，他也许会说自己是一个"完美主义者"。或者他可能不会这么说——因为他对完美形象的坚持不允许他去承认任何追求完美的非理性驱力，但他也许还会不停地提及，他应该做到永远不感到受伤，他应该有能力控制每种情绪或者应对每种情况。或者他还会很天真地相信他的脾气"很好"、有良知、很理性。最后，他完全没有意识到他的任何目标，更不要说意识到他的强迫性特征。简而言之，每个人意识到这些标准的程度都是不同的。

从整体上来看，不论在何处，关于驱力是否有意识的问题实在太过笼统，无法揭示我们所期待的结果。一个人可能意识到自己的野心，却无法意识到野心在操控他，或者无法意识到野心的破坏性特征。他可能意识到自己偶尔会感到焦虑，却无法意识到焦虑是在什么程度上决定了他的整个生活方式的。类似的情况还有，个人是否能意识到自己需要道德上的完美其实并没有那么重要。想要让人意识到这种需要的存在并不难，至关重要的是，分析师和病人都要认识到这种对道德完美的需求的本质，以及它在何种程度上影响个人与他人的关系、个人与自己的关系，同时也要认识到哪些因素导致个人一定要遵守自己的严苛标准。同时沿着这两条线路推进研究是一项艰巨的任务，因为与各种各样无意识因素的纠缠，都发源于这些问题。

我们可能会问这样的问题，如果病人极少意识到自己标准的存在，也从来没有意识到它们的力量和影响，那么分析师怎么可能总结出这些需求是现存的并正在发生作用呢？主要有三种类型的数据资料可供我们分析。

首先，观察发现，即使没有环境的要求也没有兴趣的召唤，一个人也可能总有着一种死板的行为。比如说，他对别人总是一视同仁：借钱给他们、为他们找工作、帮他们跑腿，却总是没有能力为自己做些什么。

其次，观察发现，某些种类的焦虑、自卑感或者自我责备都是因为已经违背或可能违背现有的强迫性标准而产生的。比如说，医学院的学生在实验室做实验，由于无法迅速、精准地完成血球计数，他觉得自己很笨；一个总是对别人慷慨大方的人，在他希望能来一次旅行或者购买一套舒适的公寓时，他会感到焦虑，尽管这两种心愿都可以在他的财力范围之内实现；一个人因为判断失误而受到责备，他因此而深深地感到自己的无能，尽管这种判断只是关乎不同的立场而已。

最后，观察还发现，一个人经常感到受别人指责或者别人期待他取得不合理的成就。而实际上，别人并没有谴责他也没有强求他必须做到什么。在这种情况下得出的结论是，这个人自认为有充足的理由论证这些态度的存在；然而从他对别人的假设中可以看出，这是一种投射，是他自己对自己持有苛求和责备的态度。

我认为这些数据都是正确的，能看到这种现象及其对理解和治疗神经症的重要性，是对弗洛伊德观察的力量的见证，问题是，我们该如何对它进行解释。

基于本能理论，弗洛伊德不得不假设，对于完美的神经症性需求——这样强大的力量实质上来自本能，他认为这是本能或它们衍生物的综合体。根据弗洛伊德的观点，它是自恋、受虐，特别是破坏性驱力的组合；这也是俄狄浦斯情结的残余，因为它代表了嵌入式的父母形象，而父母的禁令必须遵守。我不会在此讨论这些可能性，因为在之前的章节中我已经陈述过为什么我认为相关的理论性问题存在争议。光是这一点就够了：弗洛伊德"超我"的概念与力比多理论和死亡本能理论相一致；如果我们接受这些理论，我们还得接受他对于"超我"的看法。

　　通过参阅弗洛伊德有关该主题的作品，他的主要观点是，"超我"是一个具有禁止特征的内部代理机制。它就像一个秘密警察局，能准确地侦查到所有被禁止冲动的倾向，特别是攻击性类别，一旦发现有任何迹象，它就会对个人进行无情的惩罚。因为"超我"似乎会引发焦虑和内疚，弗洛伊德认为它一定被赋予了破坏性力量，对完美主义的神经症性需求也就被视为"超我"横施淫威的结果。为了顺从"超我"和躲避惩罚，个人不得不做到完美。让我们来就这一点进行阐述：弗洛伊德很明确地拒绝了这种常见的观点，即关于自我强加的限制条件和理想主义之间的关系；通常情况下，这些限制条件被视为现有道德目标的结果，但弗洛伊德认为这些道德目标是施虐式侵入。"普通的观点正好是从相反的角度来看待这种情况：自我理想建立起来的标准似乎抑制了攻击性的动机。"[1]个人对自己的施虐是从本该对他人发泄的施虐中获得力量的，他没有去憎恶他人、折磨他人、谴责他人，而是选择憎恨自己、折磨自己和谴责自己。

　　弗洛伊德提供了两类观察作为论证这些观点的证据。一类是无法摆脱对完美主义的需求，结果把自己弄得苦不堪言的人；简而言之，他们在严格的需求下感到窒息。另一类人，按照弗洛伊德的说法，"个人越是抑制自己对他人的攻击性倾向，就越是变得暴虐专制，也就是说他在其自我理想中变得颇具攻击性。"[2]

　　第一个观察毫无疑问是正确的，但是对它我们也有其

[1] 西格蒙德·弗洛伊德《自我与本我》（1935年）。

[2] 西格蒙德·弗洛伊德，同上。

他的解读，第二个观察存在争议。的确，这种类型的人对他
人表现得慷慨大方，对自己却严厉苛刻。他们也许会不安地
克制住对他人的批评或者伤害，对自己却横加指责。但实际
上，对这种观察除了也会有不同的解读之外，我们并不能保
证其普遍适用性。很多资料是互相矛盾的：神经症病人甚至
会在表面上对他人跟对自己一样苛刻与轻蔑，他们随时准备
谴责他人，就像随时准备谴责自己一样。那么对于所有那些
残忍的行为，比如说以道德和宗教的名义而实施的，又该做
何解释呢？

　　如果神经症病人对完美的需求并不是假设的禁止代理
者的产物，那么它意味着什么呢？尽管弗洛伊德的理解存在
争议，但却包含着建设性的指导；这就是，它们意味着对完
美的追求缺乏诚意。通俗地讲，就是这种道德追求里存在猫
腻。亚历山大已经对此进行过详细的阐述，他指出神经症病
人对道德的追求太过于形式化，因此它具有伪善的特征。[1]

　　那些看似被无情的完美需求所奴役的人们仅仅是在走过
场，佯装修炼一下自己的德行罢了。[2]当有人很认真地想得
到什么，他就会看到自身的哪些局限会影响自己达成目标，
并愿意对这些障碍刨根究底并最终攻克它；比如说，他发现
他自己时常莫名其妙地发火，他将首先试图控制他的易怒，
如果这个方式没有效果，他将建设性地在自己的人格中寻找

---

[1] 弗朗茨·亚历山大《整体人格的精神分析》（1935年）。

[2] 关于法律的形式化遵守与诚心诚意履行之间的区别，最著名的表述是在保罗
给哥林多人的第一封信中："我若能说万人的方言，并天使的话语，却没有爱，我就
成了鸣的锣、响的钹一般。我若有先知讲道之能，也明白各样的奥秘、各样的知识，
而且有全备的信念，叫我能够移山，却没有爱，我就算不得什么。我若将所有的赈济
穷人，又舍身叫人焚烧，却没有爱，仍然于我无益。"（《哥林多前书》13：1—3）

导致易怒的倾向，如果可能的话，他会做出改变。我们提到的神经症类型人群则不会这样做，他将首先着手于减少他发火的次数或者为自己的动怒寻找一个正当的理由。如果这些方式都没有效果，他将无情地责骂自己的态度，他会努力试着去控制它。如果还是不能成功，他将责备自己的无力自控。至此，他的努力就告一段落了。对他来说，他不会觉得是自身有什么问题，使自己养成了易怒的性格。因此，什么都没有改变，这个剧情还是会永远地不断重复。

当他接受分析时，尽管不愿意承认，但他将意识到自己的努力是白费的。分析师认为他的怒气只是浮出表面的泡泡而已，他也许会礼貌且理智地接受这一点。但是一旦分析师指出深层次的障碍，他就会有一种复杂的反应，这种反应包含了隐藏的愤怒、弥散的焦虑，很快他又会机智地与分析师理论，认为分析师是错的，或者至少是在夸大其词，他可能又会以责备自己无法控制怒气而结束。每每触及到一个更深层次的问题，病人马上就会重复上述反应，尽管有些时候他们反应得非常谨慎小心。

因此，这种类型的人不仅缺乏动机去探究障碍的根源以获得真正的改变，还会主动去反对进行探究和改变。他们不希望被分析，甚至讨厌它。如果不是为了某种严重的症状，比如说恐惧、疑病恐惧等，他们是永远也不会来找分析师的，不管他们的性格障碍有多严重。当他们为了治疗而来时，也只是希望在不触碰他们人格的前提下治愈他们的症状。

从所有的这些观察中，我总结出一个规律，这种类型的病人不会受"尽善尽美"需求的控制，这与弗洛伊德所设想的不一样，他们仅有维护完美形象的需要。这种完美的形象要给谁看呢？第一印象首先留给自己，这个形象对自己来说必须是正确的。他会为了自己的缺点而责备自己，不管是否有人发现他的缺点。他假装看起来相对独立于他人，也就是这种印象，让弗洛伊德认为"超我"最终变成了道德禁忌的自主内心心理再现，尽管它最初是从幼年期的爱、恨以及恐惧中发展而来的。

　　这种类型确实展示出一种清晰的独立倾向，当它与严重的受虐倾向相比时，就会表现得尤为明显。但这种独立是从反抗中产生的，并不是来自内部力量，因此它在很大程度上是假的。实际上，他们是万分依赖于他人的——以他们自己特定的方式。他们的感觉、想法和行动都由他们所认为的别人对他的期望所掌控，不管他们是顺从还是抗拒这些期待，他们也依赖于别人对他们的看法。还是一样的道理，这种依赖是特殊的；对他们来说，必须得让别人承认他们的完美无缺。任何的异议都会使他们不安，因为这意味着他们的诚实无过正在遭受质疑。他们急于向别人展现的正直完美的表象，其实是让别人与自己获益的一个借口。下面我将讨论对完美表现的需求，具体地说，就是在他人与自己眼中都显得完美的需求。

　　假装模式的特征也常常如此，只不过更加公开明显，它对完美也有着强迫性的需求，但这些需求与道德问题并不相干，仅与以自我为中心的目标相关，比如说一个人会要求自己无所不知，这种现象在当代知识分子中很常见。当这种类型的人遇到回答不了的问题时，他会不惜一切代价假装自己知道，尽管他就算承认自己不知道，也不会有人质疑他在智力上的权威。或者，他会用一些形式化的科学术语、方法和理论来唬人。

如果我们认为，个人努力只是为了维护完美的、绝对正确的"虚荣假象"，而这种假象出于某些原因其实是必要的，那么整个"超我"的概念就会从根本上改变。"超我"就不再是"自我"内部的代理机制，而是个人的特殊需求。它不再是道德完美的拥护者，而表达着神经症病人对于维持完美形象的需要。

从一定程度上来说，所有人都生活在有序的社会中，而在这里我们必须维持应有的形象。我们每一个人都受到生活环境中标准的潜移默化的影响，我们在某种程度上依赖于他人对我们的尊敬而活。[1]但我们所看到的这类人是怎样的呢——允许我稍作夸张，全人类都展现着同一种假象。他自己的愿望、喜好、憎恶和价值都不重要，唯一重要的就是达到期待和标准并履行责任。

强迫性地展现完美会与特定文化中任何被看重的东西相联系：有条不紊、干净整洁、守时、良知、效率、智慧或艺术成就、理性、慷慨、宽容和无私。为了保持这种完美形象，特定的个人会强调对不同因素的依赖：他天生的能力，童年时给他留下良好印象的人或品质，他童年时所处的、促使他发奋图强的糟糕环境，他在人群中脱颖而出的真实可能性，他必须靠维持完美来保护自己免受其影响的那种焦虑。

我们该怎样理解这种表现完美的迫切需求呢？

弗洛伊德针对它的根源，给我们指明了一个大的方向，

---

[1] 在所有学者中，W. 詹姆斯和C. G.琼在谈到每个人都有"社会自我"（詹姆斯）或"人格面具"（琼）时，强调过这一事实。

他认为这种倾向是在儿童时期养成的，它与父母的禁令有关，还伴有个人对父母的受压抑的愤怒。[1]将"超我"的禁令视作父母施加的禁忌的直接遗留物，这似乎有点过于简单化。因为在其他任何神经症倾向里，促使它们发展的不是一个又一个童年时期的个别特征，而是整个环境。完美主义的态度与自恋倾向基本是从相同的基础上发展而来，因为这个基础已经在之前关于自恋的章节中充分讨论过，在此我仅一笔带过。由于受到多种不利的影响，孩子发现自己正处于痛苦的环境中。他自己的发展受到阻碍，因为他被迫去完成父母对他的期待，他因此失去了自己的创造力、自己的愿望、自己的目标、自己的判断。另一方面，他疏远人群并对他人感到害怕。就像之前提到过的，为了解除这种根本的不幸，孩子可能会发展出自恋倾向、受虐倾向或完美主义倾向。

有显著完美主义倾向的病人在童年时期会受到自以为是的父母的影响，他的父母会在孩子身上施加不容置疑的权威，这种权威主要参考一套标准或是一种个人专制管理。因此孩子承受着很多不公正的待遇，比如说父母偏爱其他兄弟姐妹，或者把实际上是父母或其他兄弟姐妹的错误归咎于他并加以责备。尽管此类不公平待遇并没有超越平均水平，但还是会产生超出平均水平的愤怒和不满，因为实际待遇与父母假装的绝对公正大相径庭。控诉由此产生，但由于孩子无法确定自己的可接受性，他并不会将其表达出来。

在这种环境下长大，孩子就会失去自身的重心，而把它完全转移到权威人士的身上。这个过程是缓慢而无意识地

---

[1] 梅兰妮·克莱茵是第一个看到后者所指联系的人。

进行着的，就好像这个孩子决定去相信父亲或母亲永远是对的。孩子做出的评估，关于好的或者坏的，满意的或者不满意的，愉悦的或者伤心的，喜欢的或者讨厌的，都是从外部世界获得，又在外部世界中留存的，跟他自己毫无关系，他再也无法有一个自己的判断。

通过适应这种过程，他不会知道自己是在逃避，他把外部标准当成自己的标准，因此维护着这种假性的独立。这句话的意思可以被解释为：我做到了我应该做的，因此我没有其他义务需要去履行了，这样别人就不能干涉我了。通过遵守这种外部标准，个人同时也寻求到了某种坚强的力量，可以用来掩盖他现有的软弱，但是这种坚强仅仅就像用来保护受伤脊椎的紧身胸衣。他的标准告诉他，什么是他应该想要的，什么是对的或错的，因此他表现出坚强的性格，然而这只是一种具有欺骗性的表象而已。这两点将他与受虐癖患者区分开来，受虐人群是明显地依附于他人，他们的软弱一眼就能看出来，并且没有披上坚硬的原则盔甲。

此外，通过对准则或期待的过度遵守，他将自己置身于责备和攻击之外，因而消灭了与环境的冲突，他的强迫性内在标准调节着他的人际关系。[1]

最后，通过对标准的遵守，他获得了优越感。这种满足与通过自我膨胀而获得的满足很相似，但是又有不同：一个自恋的人也许很享受自己的优秀并享受别人对他的倾慕，而总是自以为正义的人，对他人怀恨的态度则占据上风。他们甚至会把轻易产生的内疚感看作美德，因为它们证实了个人

---

[1] 参见欧内斯特·琼斯《爱与道德：性格类型研究》，《国际精神分析期刊》（1937年1月）。

对道德要求的高度敏感。因此，如果分析师向病人指出他的自我谴责是如何夸张，病人就会有意无意地在思想上有所保留，他认为自己比分析师优秀太多，分析师用"低级"的衡量标准是不可能理解他的。这种态度会引发一种无意识的虐待满足：用自己的优越感来刺伤和打压他人。这种施虐冲动仅仅表现在对他人错误或者缺点的贬损想法上，但是这种冲动是在告诉别人，他们是多么的愚蠢、没用和卑鄙，并使别人觉得自己如尘埃一般微不足道，这种冲动是个人站在完美无缺的道德高地上对他人义愤填膺的打击。[1]作为一个"伪善"的人，个人就有了俯视他人的权利，因此就像父母对他造成创伤一样，他把同样的伤害施加到别人身上。尼采在《曙光》中以"精致的残酷如美德"为标题描述这种类型的道德优越感：

"我们有一种美德，它完全基于我们对卓越的渴望——因此不要高度评价它！的确，我们也许会问这是什么样的冲动，它的根本意义何在？我们用自己的形象使我们的邻居苦恼，引起他们的嫉妒，唤醒他们的无力感和堕落感；我们努力使他们品尝自己命运的苦果，在他们的舌头上滴一些我们的蜂蜜，当我们在给予这种好处时，却又用胜利者的锐利目光看向他们。

"看着这人，他现在在变得谦逊了，这是多么完美的谦逊；通过他的谦逊，他要去寻找一些人，对他们，他长久以来都准备着一场折磨；因为，你肯定能找到他们！另外一个人，他很善待动物，并因此举而受到别人的倾慕——但是，

---

[1] 与保罗·文森特·卡罗尔的戏剧《影子与实体》中准则的特点相比较。

他希望以这种方式在某些人身上发泄他的残暴。看看那个伟大的艺术家：他所提前享受的快乐，来自他所构想的手下败将对他的嫉妒，在他成为伟人之前，这种快乐是不会让他的力量休眠的——为了自己的伟大，多少人都在承受着他给他们的灵魂带来的苦涩时光。修女的圣洁：她是以多么咄咄逼人的目光，看着那些与自己生活方式完全不同的女人的脸！她的眼中闪耀着多么恶毒的愉悦呀！这个题目很短，但它是千变万化的；这些变化数不胜数，不可能轻易变得乏味——若断言高尚的美德一文不值，归根到底，它们只是经过修饰的残酷，这将是多么自相矛盾，新奇又近乎痛苦。"

这种报复性的战胜他人的冲动存在多种源头，这一类人很少能从人际关系或工作中获得满足感，感情和工作都变成他内心对抗的强制性职责。他们对别人发自内心的正面情感受到遏制，并且有大把的原因去厌恶他人。然而，不断产生施虐倾向的特定源头是，他感觉生命不是自己的，他总是必须达成外界对他的期待。他没有意识到自己已经把意愿和标准转交给他人，在义务的束缚下，他感到近乎窒息。所以，他想要战胜他人，仅有的方式就是在正义和美德方面赶超他人。

因此，此类顺服状态的对立面就是在内心反抗所有对他的期待。简单地说，一件他本应该去做的事情或者一种他本应该有的感觉，都属于那类会激发他的反抗的因素。在比较极端的情况下，只有很少的事情可以从这一类别中逃脱，比如阅读推理小说或吃糖果，也只有这点事情是他内心不会抗拒的。在其他所有的情况下，这类人也许会在不知不觉中阻挠一切对他的期待或者一切他认为的对他的期待。如此下去，结果往往就是产生倦怠和惰性。个人的活动，乃至全部生活，都会变得单调无趣和毫无吸引力，尽管他并没有意识到，自己已不再是一个自由代理者，也不再受自己的动机力量所控制，自己的行动和感觉也都已被规定好了。

因为它的实践意义的重要性，我将单独阐述对这种期待的无意识阻挠所带来的特定后果：工作中的抑制。尽管每一份工作在最开始都是个人自愿地想要去做的，但很快这份工作就变成了一种不得不去履行的责任，所以个人就产生了消极抵抗的情绪。因此，个人常常会发现，自己陷入了一种狂热地想把一件事做到完美和压根儿就不愿意做这件事之间的冲突。这种冲突导致的结果，会根据冲突双方所牵涉因素力量的不同而不同，它或多或少会导致完全的惰性。对工作的狂热和惰性将在同一个人身上反复轮转，工作因此而变得异常艰辛。越是非琐碎非常规的任务，个人就越是感到紧张，因为每个环节都必须做到无懈可击，一旦犯错，焦虑就会随之而来，因此个人就开始寻找各种借口，希望能完全放弃工作，或把这些责任转移到别人身上。

这种既顺从又反抗的双重倾向也是治疗中的难题之一。分析师希望个人能表达自己的想法和感受，从而获取对自己的剖析，最终可以改变自己，最大可能地激发出他对这种过程的反抗。结果就是，这种类型的病人外在表现温顺，其实内心还是会阻挠分析师的种种努力。

这种基本结构会引起两种不同类型的焦虑。其中一种弗洛伊德已经对其进行了描述，他认为这种焦虑是对"超我"的惩罚力量的恐惧。简单地说，这种焦虑是由于犯了错误、意识到自己的缺点或者预见到未来的失败而产生的。

对此我的理解是：这种焦虑是由表面和内心之间存在的不一致造成的，它是一种对揭下面具的恐惧。尽管这种恐惧或许会依附在特殊的事物上，比如说手淫，但它是神经症病人需要面临的无处不在、无法回避的恐惧，他们害怕有一天自己的面具会被撕开，会被认为是骗子，害怕有一天其他人发现自己并不慷慨无私，而只是一个不折不扣的以自我为中心的自私自利的人，或者被别人发现自己对工作并不感兴趣而只是关心自己的荣誉。在聪明的人身上，这种恐惧可能会在任何复杂的讨论中产生，因为在讨论中人们会提出看法和问题，他有可能无法反驳或者马上回答——因此他的"无所不知"就被识破了。这里有很多追随他的朋友，但最好别跟他那么亲密无间，因为他们会对他感到失望。他的雇主觉得他很不错，还为他提供了更好的职位，但最好别接受它，因为到头来其实他也并不是那么有效率。

对于自己所有的伪装都被拆穿的恐惧——尽管这些伪装可能是出于真心实意，会令这类人在面对分析师时表示不信任和担心，因为分析师明显是要去"发现"什么。他的恐惧可能在急剧的焦虑下产生，这种恐惧也许是有意识的，它可能表现为普通的羞愧，它也可能表现为明显的坦率。担心自己的面具被撕开是众多无形痛苦的源头。比如说它造成了自己不被需要的痛苦感觉，在此处即指"没有人喜欢这样的我"的感觉，这也是排斥他人和引起孤独的主要原因之一。

面具被撕开的恐惧是最强大的，这是由包含在完美形象需求中的施虐冲动造成的。如果某人把自己捧上神坛，随意讽刺他人的缺点，那么只要他一犯错，就会引发被嘲讽、鄙视和羞辱的危险。

　　这种结构中涉及的另一种焦虑会在人们抱有或达成自己的某些心愿时引发，而且他们无法证明这些愿望是合理的，诸如为了健康、教育、无私助人等等。例如，一个女人对自己一向过于吝啬，在她将要入住一家一流的酒店时，尽管她完全能负担得起酒店的费用，而且她的亲朋好友都觉得不住这家酒店是件很傻的事情，但是她仍然会感到焦虑。对于这个病人来说，一旦分析触碰到她自己对生活的需求时，她就会产生显著的焦虑。

　　理解此类焦虑有几种方式。一种就是把谦逊当作对贪婪的反应形成，把因为提出合理要求而产生的焦虑看作对不能控制贪婪的恐惧，但这种解读并不令人满意。诚然，这些病人确实有贪婪的行为，但我认为他们对所有个人意愿的普遍性抑制是次级反应。

　　或者有人会说，"无私"的形象与病人的宽容形象、理性形象同样必不可少，因此在"自私"意愿被揭示后，焦虑就会随之产生，这可以解释为对面具被揭开的恐惧。尽管这种解释是对的，但从我的经验来看，它还是不够详尽，也就是说，它还是无法使病人自由地拥有自己的意愿。

　　只有在通过我之前介绍过的方法看清这种类型的结构之后，我才发现了获得对这类焦虑的更深理解的可能性。在分析过程中，这一类人经常认为分析师期望能从他身上看到某种行为，并审视他是否遵守这种行为。这种倾向被视为"超我"在分析师身上的投射，因此病人被告知，他投射在分析师身上的其实是他自己提出的需求。根据我的经验，这种解读是不完整的。病人不仅仅是在投射自己的需求，他还确实喜欢将分析师看作操控自己船只的船长。一旦没有规则，他就会感到迷失方向，像一只没有指令的小船。因此，他的恐惧不仅是因为面具被揭开，也因为他的安全感深深根植于他对规则与别人对他的期待的服从，如果没有这些，他就会无所适从。

有一次，当我正在说服一个病人，告诉她不是我期待她为了分析治疗而牺牲一切，而是出于某种原因，她自己创建了这种设想。她变得对我恼怒起来，还对我说我最好发一些传单给病人，告诉他们如何在分析中好好表现。我们讨论到她失去了自己的主动权（就像在梦中体现的）和自己的意愿，因此她不能成为她自己。尽管成为她自己的概念很吸引她，是她在生命中最渴望得到的东西，但在第二天晚上，她做了一个使她感到焦虑的梦，梦中洪水来袭并毁坏了她的档案。她自己并不害怕洪水，她害怕的是档案会被毁掉，档案对于她来说代表着完美，将它们时时更新并做到毫无缺陷是关乎生死的问题。这个梦的含义是：如果我成为我自己，如果我发泄我的情绪（洪水），那么我的完美形象就会受到威胁。

我们经常天真地认为——病人也是，成为自己就是我们想要的结果，这确实是弥足珍贵的。但如果一个人整个生命中的安全都建立在"不做自己"之上，那么当他有朝一日发现还有一个人躲在表象之后，那将是多么可怕的一件事情。一个人不可能同时是一个被操纵的木偶又是一个跟随内心的人，只有攻克了里外不一造成的焦虑之后，他才能找到安全感，找到以自己为重心的感觉。

此处提到的观点从不同的角度对抑制动力进行了解读，涉及抑制的力量和受抑制的因素两方面。弗洛伊德认为，除

了对人们的直接恐惧是一部分原因，对"超我"的恐惧也是
造成抑制的力量，但我个人认为这种对抑制的理解过于狭
隘。如果抑制因素威胁到其他对于个体来说至关重要的驱
力、需要和感觉，那么任何驱力、需要、感觉都可以被抑
制。破坏性的野心就会被抑制，因为个人有必要维护无私的
形象。但是破坏性野心也同样会出于另外一个原因被抑制，
那就是安全感，个人必须以受虐的方式依附于他人。"超
我"因此可被理解为与激发抑制相关，而我却认为它只是众
多重要因素之一。[1]

至于促成抑制的"超我"的力量，弗洛伊德主要把它归
结为自我毁灭本能。我认为这个现象与造成反对潜在焦虑的
坚强后盾一样强大，因此，就像其他神经症倾向一样，个人
必须竭尽所能来维护它。

弗洛伊德认为，本能驱力会由于它们的反社会特征而
受制于"超我"的压抑之下。如果需要澄清的话，我将以简
单的道德术语来表达。在弗洛伊德的观点中，人类的邪恶本
质是受抑制的，这种观念无疑包含了弗洛伊德最显著的发
现。但我想要提出一种更灵活的建议：受抑制的东西取决于
个体感到被迫需要呈现的表象，任何不符合表象的东西都要
被抑制。比如说，一个人可能会沉迷于淫秽念头和行为，或
者拥有对很多人的死亡意愿，但是他可能会为了私利而抑制
着个人愿望。但是，我认为强调这种区别没有太大的实践意
义。表象与公认的"良善"几乎是一致的，因此受到压抑的
事物主要与我们所认为的"不良的"或者"劣质的"事物相

---

[1] 参见弗朗茨·亚历山大《关于结构冲突与本能冲突的关系》的重要论文，
《精神分析季刊》（1933年）。

一致。

　　但是还有另一个更为显著的差异，它与受到抑制的因素有关。简单地说，维护某种表象的必要性不仅会抑制"不良的"、反社会的、以自我为中心的、"本能的"驱力，还会抑制人类最有价值的、最有活力的因素，比如发自内心的愿望、发自内心的感觉、个人判断等等。弗洛伊德已经看到这个因素，但是没能意识到它的重要性。他发现，人们可能不仅会抑制贪婪，也会抑制合理的愿望。但是对此他已做出解释，指出描述抑制的程度不在我们的能力范围之内：当仅仅是贪婪受到抑制时，合理的愿望也会被一起带走。事实的确是这样，但是有价值的品质也会受到抑制，由于它们会损害到表象，所以它们必须受到抑制。

　　总之，神经症病人对完美表现的需求导致了抑制：第一，抑制那些与他们外在特定现象不符的一切事物，第二，抑制任何阻挠维持这种完美形象的因素。

　　通过观察完美形象需求给人们带来的痛苦结果，我们可以理解，为什么弗洛伊德认为"超我"是个基本的反自我机制。但我认为只要个人感到自己必须完美无缺，自我攻击行为根本就是不可回避的。

　　弗洛伊德认为，"超我"是对道德需求的内心表征，尤其是对道德禁忌。为此，他理所当然地进行了一番概括性总结："超我"在本质上与良知和理想的常态现象是一致的，只是更加苛刻。根据弗洛伊德的观点，这两者在本质上都是对自我的残酷发泄。[1]

---

　　[1] "就算是普通的道德规范，也有具有严厉、残酷的禁令特征。"（西格蒙德·弗洛伊德《自我与本我》）

　　除了我所阐述过的两种不同解读，道德标准与对完美表现的神经症需求之间还存有一些相似之处。诚然，很多人的道德标准仅仅意味着维持道德的表象。如果说普遍的道德规范就应如此，这未免有些武断，与事实也不太相符。先撇开那些关于理想的复杂的哲学定义，人们可能说它们代表着感情或行为的标准，人们将这些标准当成有价值的、必须实施的义务。它们不是自我疏离，而是自我的一部分，"超我"只是表面上与它们类似而已。如果说对于完美表现的需求的内容，仅仅是出于巧合与某种文化认可的道德准则相一致，那么这种说法是有失准确的；如果完美主义者的目标与公序良俗不甚吻合，那么它们也就不能发挥其各种各样的功能了。它们只是在模仿道德规范而已，它们只是道德观念的赝品而已。

　　虚假的道德目标与理想、道德准则相差甚远，并阻碍了后者的发展。我们一直都在讨论的这类人群，他们为了和平而承受着恐惧带来的压力，遵循着他们自己的标准。他们只是形式上遵守这些准则，但内心里是抗拒的。比如，他们表面上对其他人都很友善，但是无意识中却觉得这种友好的态度是一种难以忍受的强迫。只有当他们的友谊失去强迫性特征之后，他们才可能开始思考自己是否喜欢与人为善。

　　对完美的神经症需要确实牵涉到道德问题，但它们并不是病人明显纠结的对象，也不是病人假装拥有的东西，真正的道德问题是虚伪、傲慢和修饰过的残酷，这些东西与之前讨论过的结构有着紧密的联系。病人不应对这些特质负责，因为他们无力控制这些特质的发展。但在分析过程中，病人不得不面对它们，这不是因为分析师应该去提高病人的道德水准，而是因为病人饱受这些特质的折磨：它们干扰了病人与自己、与他人之间的良好人际关系，病人的人格发展也受其阻挠。尽管对这一部分的分析治疗会使病人感到特别痛苦和沮丧，但它也能给病人带来最大的宽慰。威廉·詹姆斯说过，抛开伪装满足于伪装都是上天恩赐的宽慰；然而通过分析治疗中的观察，我们判断，抛开伪装得到的宽慰似乎会更大。

第十四章　　神经症内疚感

　　最初，内疚感并没有在神经症里扮演什么重要的角色，直到今天，每当我们讨论内疚感时，还是会将它与力比多冲动、前性器幻想或者乱伦人格联系在一起。很少有人会像马西诺夫斯基那样声称：所有的神经症都是内疚神经症。在"超我"的概念形成之后，人们才开始把目光转向内疚感，最终它被视为神经症动力中的关键因素。实际上，对内疚感的侧重，特别是对无意识内疚感和受虐癖概念的强调，都只是"超我"概念的其他方面。如果我在讨论中将它们分开，那是因为如果不这样做，一些我认为特别重要的问题就得不到应有的重视。

　　在某些情况下，内疚感可能会有如此表达，并可能影响全局。那么，它们可能表现为一种普遍的无价值感，或者附着于特定的举止、冲动、思维、乱伦幻想、手淫、希望自己爱的人死去等类似的现象。但在临床上，导致"内疚感在神经症中有着普遍且核心的地位"这一信念的，不只是那些相对来说发生得并不频繁的直接表现，更重要的是那些频发的间接表现。在众多暗示出潜在内疚情绪的心理现象中，我将选择一些特别重要的进行讨论。

　　首先，有一类神经症患者会陷入这样或那样的微妙而又显而易见的自责中：伤害别人的感情、小气、不诚实、尖酸刻薄、想消灭所有人、懒惰、软弱、不守时等等。这些谴责通常有着为任何不利事件承担过错的倾向，大到刺杀中国的高级官员，小到患上感冒。当这类人生病时，他们会责备自己没有照顾好自己的身体、穿戴不合适、没有定期检查身体或者没有预防传染病，等等。如果一个朋友很久没有给他打电话，他的第一反应就是思考自己之前是不是伤害了朋友的感情。如果在时间安排上有什么误会，他会觉得一定是自己的错，一定是自己没有认真听讲。

　　有时这种自责表现为病人会翻来覆去地想自己本该说什么、本该做什么，或者自己遗漏了什么，长此以往，这就会干扰他们参与其他活动或导致他们失眠。就算描述其思考内容也是无用的：他们可能会长时间地思考他们说过什么，其他人说过什么，他们本可能说些什么，他们说过的话会带来什么后果；他们是否已经关了煤气，是否会有人因为煤气没关而受伤，是否会有人因他们没有将掉在地上的橘子皮捡起来而摔倒。

　　在我的判断中，自责的频率还是比通常预测的要高，因为它们可能隐藏在一个看起来仅是个人的愿望背后，而这个愿望无非就是想认清自己的动机。在这些情况下，神经症病人将不会以任何方式公开进行自责，而似乎是仅仅"分析"自己。他们可能会感到困惑，比如，他是否是为了证明自己的魅力才开始这段暧昧关系，自己说的一些话是否真的不想

伤害他人，或者自己不愿意工作是否并不仅仅因为懒惰。有
时真的很难区分，所有这些是否都是对自我动机的真诚追
问，而最终目的都是要自我提升，还是说它们仅仅是一种微
妙地适应了心理分析方式的自责形式。

另外同样暗示了内疚感存在的一组心理现象是，一个人
对别人的任何不赞同都极其敏感，或者一个人害怕被别人发
现。有这种恐惧的神经症病人可能一直都会害怕，害怕其他
人跟他们熟悉之后会对他们失望。在精神分析的情况下，他
们可能会对一些重要信息有所保留。他们觉得精神分析过程
就像是法院对犯人进行审讯，因此他们总是处于一种防备状
态，但却并不知道自己到底在害怕什么。为了消除或反驳任
何可能会发生的责骂，他们可能会极度小心，不犯任何错，
并且严格遵守法律法规。

最后，有些神经症病人似乎会故意招致不利事件。他们
的行为会激怒他人，于是他们总是被虐待。他们似乎很容易
就发生意外，经常生病，丢钱——他们也许还感到只有这样
才能安心，否则就不安，这些表现也可看作深深的愧疚或者
需要通过受难来赎罪。

从这些倾向中总结出内疚感的存在似乎合情合理。自责
似乎更像是内疚感的直接表达，对任何批评或质疑动机的极
度敏感常常是因为害怕别人发现自己犯错（一个偷了东西的
女佣会把别人对她无恶意的问话当成对她的诚实的质疑），
用受难来赎罪一直是一种有着庄严立场的做法。因此，我们
可以很合理地假设，神经症病人内心的内疚感远远超过普
通人。

但这种假设也存在问题：为什么神经症病人感到如此

内疚？他们好像也不比其他人差。弗洛伊德对这个问题的回答隐含在"超我"的概念中。神经症病人并不比其他人坏，但由于他们的"超我"具有极高的道德感，他们要比其他人更容易感到内疚。因此，根据弗洛伊德的阐述，内疚感是在"超我"和"自我"中间存在的张力表现。但是，又一个难题产生了。一些病人接受关于他们内疚感的建议，另一些却拒绝接受。[1]走出这种困境的方式是无意识内疚感理论：在自己没有察觉的情况下，病人承受着无意识内疚感带来的深深痛苦，他们必须用郁郁寡欢和神经症疾病来赎罪。他们是如此地害怕"超我"，以至于他们宁愿生病也不愿意承认他们正在感受到的内疚以及为什么他们会感到内疚。

　　内疚感的确是可以被抑制的，但是，把无意识内疚感的存在视为对情感产生的现象的最终解释，这并不足以让人接受。无意识内疚感理论与此类感觉的内容无关，与它们产生的原因、时间以及如何产生都是无关的，它仅仅是用偶然证据来判定一定存在着个人没有意识到的内疚感。这让分析失去了对治疗的价值，也让这一理论无法得到证实。

　　它将在此澄清一点问题——在其他难题里也一样，即对这个术语的含义达成一致，且不可将其用于其他目的。在精神分析文献中，"内疚感"这个术语有时会用来表示对无意

---

　　[1] "但对于病人来说，这种内疚感是无声的，它不会告诉病人他是内疚的；他不会感到内疚，而仅仅觉得自己生病了。内疚感表达自己的方式是抵抗痊愈，但要克服它极其困难。另外一件困难的事情是，如何让病人相信这种动机就隐藏在他的持续生病状态的背后；他很容易接受一个更为明显的解释，那就是分析治疗不是治愈他的有效疗法。"（西格蒙德·弗洛伊德《自我与本我》）

识内疚的反应，有时又与惩罚需要的意义相同。[1]在通行的语言中，该术语如今正被频繁而宽泛地使用着，因此我们经常会想，一个人在说自己内疚时是否真的感到内疚。

"真正的内疚感"是什么意思呢？我会说，在任何情境中，内疚都包含着特定文化中对道德要求或现有禁忌的违背，内疚感就是在做出了这种违反行为后痛苦感受的表现。但是，一个人可能会因为没有帮助在困境中的朋友或因为婚外恋而感到内疚，而另一个人却不一定会感到内疚，尽管他们都面临着相同的准则。因此我们必须补充，在内疚感中，人们对于违反准则的痛苦意识与个人自身所认定的准则有关。

内疚感可能是，也可能不是一种真正的感觉。判断内疚感真实性的标准是，看它们产生时是不是伴随着希望改正或做到更好的愿望。一般来说，这种愿望是否存在，不仅取决于所违反的道德规范的重要性，还取决于违反规范所带来的好处，这是一种规律。这种考察方式也同样适用于判断一种冒犯是行为上的还是感情上的，是冲动还是幻想。

神经症病人可能会感到内疚，这无疑是正确的。他们所达到的程度是，他们的标准包含了真实的因素，他们在对它们做出或实际或想象的违反行为后，所有情绪上的反应可能就是真实的内疚感。但是他们的标准，正如我们所看到的那样，至少有一部分只是一种表象，用于服务特定的目的。在某种程度上，它们是假的，它们因违反这种准则而产生的反应与内疚感毫无关系，就像上面所定义的一样，这种反应仅

---

[1] H. 纳伯格对这种把内疚感与惩罚需求等同起来的观点提出了正确的质疑，尽管是出于其他原因［《"内疚感"与惩罚需要》，《国际精神分析期刊》（1926年）］。

仅是伪装而已。因此我们不能假设，没有遵守"超我"的严格道德要求会令人产生真实的内疚感，也不能通过内疚感的外在表现而断言其来源于真实的内疚。

如果我们不接受这种观点——我们所描述的神经症现象是无意识内疚感的结果，那么它们的实际内容和重要性又是什么呢？这个问题有些方面已经在"超我"的章节里讨论过了，但是因为还有其他方面的问题，我将在此对它们进行重述。

关于动机的任何类似批评或质疑的观点，我们对它们的过度敏感是由完美主义形象与实际缺点或不足之间的差距导致的，这是因为我们必须维护这种形象，任何有关它的质疑都是令人恐惧并使人恼怒的。此外，完美主义者的标准以及达到这种标准的企图都是与个人的骄傲联系在一起的，这是一种虚假的骄傲，它替代了真正的自尊。但不管它是真的还是假的，人们本身就为这种准则感到自豪，并因此觉得自己高人一等。因此，面对批评，他们也会有另一种表现：感到羞辱。这种反应在治疗中具有现实意义，尽管一些病人会将其表达出来，但也有很多病人对其加以隐藏或压抑。因为他们的完美形象暗示着理性，所以他们认为自己不应因分析师的意见而感到受伤，因为他们找分析师的主要原因就是听取意见。如果这些被隐藏的羞辱感不能得到及时的发掘，分析师将因此而触礁，治疗将以失败告终，倾向于生病或继续生病的原因将在受虐现象一章中进行讨论。

通常来说，自责的结构很复杂。没有什么单一的回答能够阐述它们的含义，那些坚持用简单回答来应对心理学问题的人将毫无意外地无功而返。首先，自责是由完美表现的需求的绝对特质导致的不可回避的结果。两种来自日常生活中的简单类比可以对其进行阐述：如果赢得一场乒乓球赛对一个人来说十分重要，但他却在比赛中表现得不尽如人意，那么他就会对自己感到愤怒；如果在面试时，给他人留下好的印象对他来说十分重要，而他却遗忘了一个加分点，事后他就会责骂自己，说自己未能提到那一点是多么愚蠢。我们把这种情形应用于神经症病人的自责上，就像我们看到的那样，完美表现的需求是具有强制性的。因为对于神经症患者来说，无法维护完美形象就意味着失败和危险。因此，他们必然会为每一步不完美的举动感到愤怒，不管这些举动是思想上的、情绪上的还是行动上的。

弗洛伊德将这一过程描述为"反对自己"，这就意味着完全与自己为敌，但实际上，个体仅仅会就特殊的事情对自己发怒。一般情况下，我们说他们会由于危及一个目标而自责，而这个目标的实现是至关重要的，甚至是不可或缺的。我们将会记住，这个描述与神经症焦虑是类似的，焦虑也会在这种情况下被激发。我们可以猜测，是否自责本身并不是应对新出现焦虑的一种尝试。

自责的第二个含义与第一个是紧密相连的。如前所述，完美主义者特别害怕别人意识到他们的完美只是表面而已，因此，他们极度害怕批评和责问。这样看来，他们的自责就是对预测他人责备的一种尝试，他们会通过自责来阻止别人的责问，甚至会通过对自己的苛求来平息别人对自己的指责，这是正常的心理现象。一个孩子不小心弄出一点墨迹，他很害怕挨骂，并因此表现得极为伤心，希望老师能平息怒火，只会对他说几句"不过是几点墨水罢了，又不是犯罪"

之类的话来安慰他。对于孩子来说，这是一种有意识的策略。同时，神经症病人的自责也是一种策略性行为，尽管他们没有意识到自己的所作所为：如果有人将他们的自责看成是表面功夫，他们就会马上警觉并开始采取防御措施；此外，这类人对自己百般指责，但如果别人对他们颇有微词，他们就会怒发冲冠，认为这是一种不公正的待遇。

在这种情况下，我们应该能回忆起来，自责不是逃避责备的唯一策略，还有它的反面，也就是反转形势采取进攻，正如古老格言所说，进攻是最好的防守。[1]这是一种更直接的方法，它揭示了自责中隐藏的倾向，也就是那种极力否认自己有任何缺点的倾向，它还是更有效的防御措施，但只有那些不害怕攻击他人的神经症病人才可以利用这个原则。

然而，这种害怕责备他人的恐惧经常出现。实际上这是另外一个导致自责的基本因素。这种机制就是因害怕责备他人而让自己承担责备。它在神经症中扮演着很重要的角色，因为病人谴责他人的心情非常强烈，却又害怕去指责他们。

对别人产生指责情绪的原因是多种多样的。神经症病人有很好的理由认为，是早期父母或其他人给自己带来痛苦的经历，而现在，病人在控诉他人中的神经症部分其实来自他们特殊的性格结构。我们不能在此做出公正的评判，因为这意味着我们首先必须评估神经症病人的所有纠结的可能性，然后才能试着详细地理解责备是怎样发生的。因此仅仅列举几个原因就足够了：尽管病人们不承认，但是他们对别人有

---

[1] 为什么安娜·弗洛伊德将这个简单的过程归结为对进攻者的身份认同，这难以理解［安娜·弗洛伊德《自我与防御机制》（1936年）］。

着过高的期待，如果没有达到这种期待，他们就会感觉受到了不公正的对待；对他人的依赖——轻易感到被人奴役并对此产生怨恨；自我膨胀或者表面正直——感到被误解、受人轻视、受到不公正评论、必须有着完美无缺的形象；通过责备他人来逃避对自我不足的审查；无私的表面——容易感到受虐待、受抑制等类似的情况。

　　同样的情况下，压抑指责他人的情绪常常有很多严苛的理由。首先，神经症病人很怕人。他们总是这样或那样地过分依赖他人，无论是依赖他人的保护、他人的帮助还是他人的观点。因此，他们就必须表现出理性的一面，他们不敢流露任何情绪来发泄自己的悲伤，这些悲伤并不是完全合乎情理的，因此这种情况常常促使他们积压起对别人的苛责。因为这些苛责无法发泄，所以它们就变成了一触即发的力量，因此表现为个人危险的源头。他们不得不竭力中止这种危险，这就使得自责作为一种对付危险的方法应运而生。个人觉得别人完全不应该受到责备，只有自己才是应该受责备的人。[1]我认为这是一个过程中的动力，弗洛伊德将这一过程描述为，病人将想要指责的那个人与自己等同起来。[2]

　　将对他人的指责转移到自己身上，这种行为是基于一种哲学——生活中一旦发生了不好的事情，就一定有人要受到指责。通常，但并不总是，那些通过建造巨大机构来维护完美形象的人都对即将来临的灾难忧心忡忡。他们觉得自己

---

[1] 这种企图保留对他人批评的焦虑需求，导致人们不能批判性地评价他人，因此助长了他们的无助感。

[2] 参见西格蒙德·弗洛伊德《悲伤与忧郁症》，《论文集》第四卷（1917年）；卡尔·亚伯拉罕《试论力比多发展史》（1924年）。

就像生活在一把随时都有可能落下的利剑之下，尽管他们自己可能并没有意识到这些恐惧。他们没有基本的能力来面对实际生活中的起起落落，他们无法调节自己去坚强面对这种现实——生活不像数学作业一样可以计算结果，而是像一场冒险或赌博，它有好运也有厄运，充满着不可预知的难题与风险，也充满着不可预见的困惑。为了确保安全，他们死守一种信仰，那就是生活是可计算的也是可控的，因此他们认为，如果有什么事情不对劲了，肯定是有人做错了什么。只有这样，他们才能逃避对生活本质的令人痛苦和恐惧的认知，他们不愿相信，生活是不可计算的也是不可控的。

隐藏在明显内疚感背后的一系列问题，远远不是我前面所举因素所能探讨得完的，比如说，由各种原因引起的自我轻视倾向很容易被视为由内疚感引起的无用感。但我并不想彻彻底底地解释所有潜在的动力，而只想陈述一点，即不是所有暗示内疚感的心理现象都是以这样的方式解读的：虚假的内疚感可能存在，但它不是真正的内疚；一些反应——诸如恐惧、羞辱、气愤、决心逃避批评、无法指责他人、需要为不幸事件找到受责备的一方，都与懊悔无关，它们之所以被理解为内疚，是因为这是理论上的先入之见。

我与弗洛伊德对于"超我"和内疚感的不同观点也导致了我们治疗方式的不同。弗洛伊德认为，无意识的内疚感是治疗严重神经症的一个障碍，这在他的消极治疗反应理论中有所论述。[1]

---

[1] 西格蒙德·弗洛伊德《精神分析引论新编》（1933年）、《受虐狂的经济问题》、《论文集》第二卷（1924年）、《超越享乐原则》（1920年）、《自我与本我》（1935年）。

　　根据我的解释，导致病人无法真正审视自己障碍的原因在于，他们呈现出一种似乎不可穿透的外表，因为他们有着强迫性的完美外表需求。他们把看精神分析师当作最后一搏，但是他们是带着"归根结底自己全都是对的"的信念而来的。他们是正常人，他们没有生病。我们一旦质疑他们的动机或者告诉他们问题出在哪里，他们就会恼怒起来，他们最多也只是在理智上顺从。他们是如此迫切地想要表现出完美无缺，因此他们不得不否认自身所有的不足或自身存在的任何问题。这样一来，他们好像真的有一种本能，即用神经症自责避免了实际存在的弱点。事实上，这些自责的主要功能是阻止病人面对任何真正的不足，它们是对现存目标的草率让步，仅仅是一种获得宽慰的方式，这可以保护他们的信心，毕竟他们认为自己没有那么坏，他们良心的不安使他们认为自己比别人好。它们是保全面子的机制，因为如果一个人真的想去提升并看到了提升的可能性，他们将不会浪费时间来自责；无论如何，他们不会认为自责就够了，而是会通过积极的、有建设性的努力来理解和改变这种情况。但是，一个神经症病人除了责备自己，什么也不会做。

　　因此，首先我们必须告诉他们，他们对自己的要求是不可能实现的，然后再使他们意识到，他们的目标和成就只是一个空壳。他们的完美形象和他们的实际倾向之间的差距也要向他们展示出来，他们必须感受到，自己的完美主义需求存在着过度苛刻的问题。对于这些需求的所有结果，我们都必须仔细地逐一研究。当分析师向他们提问，想从他们身上挖掘出什么时，他们做出的反应也需要进行分析。他们必须了解，哪些因素导致了这个需求，而哪些因素又在维护着这个需求，以及这个需求发挥了什么作用。最后，他们还需要看到所牵涉到的真正的道德问题。这个方法比普通的方法要困难，但相对于弗洛伊德关于治疗可能性的观点来说，这种方法得出的观点不会那么悲观。

第十五章　受虐现象

　　受虐通常指通过承受痛苦来获取性满足。这个定义包含着三个先决条件：受虐在本质上是性现象，受虐在本质上是对于满足的追求，受虐在本质上希望承受痛苦。

　　第一个论点的支撑数据是，我们都知道小孩会因为遭到鞭打而产生性兴奋，而受虐狂的性满足来源于被羞辱、被奴役或是身体上的摧残，在受虐幻想里，对类似情境的想象可导致手淫。但大部分受虐现象并没有明显的性特征，也没有任何证据显示其最终的根源就是性。这些资料被一个以力比多理论为基础的观点代替，即对他人的受虐性格倾向或态度代表了某种受虐性驱力的转化。因此我们可以得出这样的观点，比如，一个女人从扮演乞怜者的角色中获得的满足感，虽然没有明显的性本质，但归根结底也是性的衍生物。

　　第二个论点与所谓的"道德受虐狂"有关，也就是"自我"对于失败或意外的渴望，或是对于通过自责来惩罚自己的渴望，以此达到与"超我"的和解。弗洛伊德认为，"道德受虐狂"归根结底也是性现象。他认为当对惩罚的需求是为了消除对"超我"的恐惧时，这种需求也代表着"自我"对"超我"的一种修饰过的性受虐屈服，而后者代表着一种经过整合的父母形象。上述这些理论仍然存在争议，因为我认为它们的前提基础就是错误的。由于我们之前已经讨论过这些前提条件，这些争议就无需再进行讨论了。

其他作者对受虐现象中的性满足没有过多的关注，但为了理解受虐，必须从追求满足这一角度来定义它，因此这一设想被保留下来。这个前提条件的论证基础是，那些追求就像受虐追求一样不可抗拒且难以克服，而它们是由能够带来满足感的终极目标决定的。[1]因此，弗朗茨·亚历山大[2]说，人们愿意让自己承受痛苦，不仅是因为他们想逃避"超我"的惩罚威胁，还因为他们相信通过受虐的形式付出一定代价之后，他们就可以将一些被禁止的冲动付诸实践。弗里茨·维特尔斯[3]认为："受虐狂希望证实他们人格中的一部分是无用的，是为了在另一部分更重要的人格下生活得更安全，他们从别人感受的痛苦中获得快乐。"我本人提出过一个假设，[4]所有受虐追求最终都是指向满足感的，也就是说，其目的就是赦免，就是从所有的自我冲突及其限制中脱离出来。我们在神经症中发现的受虐现象就代表着一种对狂欢倾向[5]的病理性矫正，这种倾向似乎遍布全世界。

但是还有一个问题：是否正是对于这种满足的追求从

---

[1] 参见第三章《力比多理论》。

[2] 弗朗茨·亚历山大《整体人格的精神分析》（1935年）。

[3] 弗里茨·维特尔斯《受虐的秘密》，《精神分析评论》（1937年）。

[4] 卡伦·霍妮《我们时代的神经症人格》（1937年）。

[5] 弗里德里希·尼采《悲剧的诞生》；鲁思·本尼迪克特《文化模式》（1934年）。

根本上决定了受虐现象呢？简而言之，可否从本质上将受虐视为对自我放弃的一种追求呢？这种追求在某些情况下可以很明显地被观察到，但在另一些情况下却不明显。如果坚持将受虐定义为追求赦免，我们就需要更进一步的假设来支持该定义：这种追求在不明显的时候也能发挥作用。人们经常做出这种假设，比如，它们是"所有受虐现象在根本上都具有性的本质"这一假设的基石。我们有时也会追求虚幻的满足，但对此并没有意识，这的确会发生。但是如果此类假设没有数据资料作为支撑，那么使用这些假设都是危险的。

我应该在下面的思考中表明，如果我们放弃用"受虐的本质是对满足感的努力追求"这种先入为主的观点来研究受虐问题，那么一切就会变得更有建设性。实际上，弗洛伊德本人对此的观点也没有那么苛刻，他已经表示过，受虐是由死亡本能和性驱动共同导致的，这种融合的功能在于保护个体免于自我毁灭。尽管死亡本能的推测性使这种设想不是特别可靠，但它仍然值得关注，因为它在对受虐的讨论中考虑到了其保护功能。

第三个论点隐含于受虐的普通定义——受虐在本质上是一种承受痛苦的愿望，并与其他流行观点相一致。这一点在格言中就得到了证明：除非他们有了烦恼，除非他们感到受害，或者除非他们有其他类似的事情，否则这种人都不会快乐。在精神病学中，这种前提会引起一种危险——当治疗某些神经症时遇到困难，我们会认为这些困难与患者想要保持生病状态的愿望有关，而不是因为我们现有的心理学知识不够充足。

正如前面指出的一样，该论点最基本的荒谬之处在于它忽视了一个事实——这种追求的迫切感是由其缓解焦虑的功能决定的。我们现在就能看到，受虐追求在很大程度上代表着获得安全感的特殊途径。

受虐这个术语用于指示性格倾向中的某个特质，但是对这一特质的本质却缺少精准的解释。实际上，受虐性格趋势会引起两种主要倾向。

一种是自我轻视倾向。个人经常意识不到这种倾向，而仅仅意识到其结果，即感觉到没有吸引力、无足轻重、无能、愚蠢、没有价值。我先前将自恋倾向描述为一种自我膨胀的倾向，与自恋倾向相反，受虐倾向是一种自我收缩。一个自恋狂[1]倾向于对自己和他人夸大其词，夸赞自己具有种种好的品质和能力，而受虐狂倾向于夸大其不足之处。自恋的人总是感到他们能轻易完成所有任务，完美主义则感到他们必须有能力应对所有情况，但有受虐倾向的人会表现出"我做不到"的无助态度。自恋的人希望能成为备受关注的焦点，完美主义者则自视清高，而且他们的高标准使他们暗自认为高人一等，但是有受虐倾向的人则倾向于寂寂无闻、畏畏缩缩。

另外一个主要倾向是个人依赖感。受虐狂对他人的依赖与自恋或完美主义者的依赖有所不同，自恋的人依赖于他人，因为他们需要别人的注意和倾慕。尽管完美主义者过度关心怎样维持独立性，但实际上他们也会依赖他人，因为他们的安全感会自动与他们认为的别人对他们的期待保持一致。但是他们极其焦虑地想掩盖这一事实和他们对他人的依

---

[1] 当我说到自恋狂、受虐狂或完美主义者时，我是用简化的表达来指那些有着显著自恋倾向、受虐倾向或完美主义倾向的人。

赖程度，因此在分析过程当中，若是这一事实被揭露出来，他们就会感到骄傲和安全感都荡然无存，这两种类型的依赖都是由特定性格结构造成的、不被希望出现的结果。另一方面，对于受虐狂来说，依赖实际上是生存的条件。他们感到，如果没有他人的存在、仁慈、爱和友谊，就好像生活中没有空气，他们将无法生存。

让我们简化一下这个概念，只要是受虐狂所依赖的人，比如他们的父母、爱人、姐妹、丈夫、朋友和医生，[1]我们都称之为他们的伙伴。"伙伴"不一定是一个个体，也可以是团体，比如说所有家庭成员或者宗教派别成员。

受虐狂感觉自己无法独立完成任何事情，因此总是期待着伙伴的协助：爱、成功、声望、关心、保护。他们的期待具有寄生性的特征，但他们并没有意识到这一点，而且这与他们有意识的谦卑形成了鲜明的对比。他们依附于他人的理由十分严苛，以至于他们排斥了对一个事实的意识——他们的伙伴不会也永远不可能是实现他们期待的合适人选；他们不想承认这种暗含于某些关系的局限性。因此他们对任何喜爱[2]或感兴趣的迹象都不满意。他们通常对命运持一种类似的态度：他们觉得自己就是命运手中握着的无助的玩具，或者他们觉得一切都是命中注定，他无法看到任何掌握自己命运的可能性。

这些基本受虐倾向与自恋倾向和完美主义倾向的生长

---

[1] F. 库恩凯尔指出了相关人员对神经症病人的重要性，但是却把它看成神经症病人的普遍特征，而不是特别将其与受虐联系在一起。E. 弗洛姆称这种类型的关系为共生关系，并认为这是受虐性格结构的一个基本倾向。

[2] 卡伦·霍妮《我们时代的神经症人格》《对情感的神经症需求》章。

基础在本质上是一样的，简单概括就是：由于不利环境的影响，孩子对于主动性、情绪、意志、观点的自发性主张都受到歪曲，以致孩子觉得这个世界处处危机四伏；在这种困境下，他们必须找到保障生存安全的可能性，因此他们产生了我所说的神经症倾向。我们已经知道，自我膨胀是其中一种倾向，而过分迎合标准是另一种倾向；如前所述，我认为受虐倾向的发展要比它们更远。这些方式所提供的安全感都是真实的，比如，完美主义的虚假适应实际是在消灭与他人的显性冲突，并带给他们一些肯定的感觉。现在我们应该试着了解，受虐倾向是以何种方式提供安心的。

对于任何人来说，可以依赖亲朋好友都是很让人宽心的。原则上，从受虐依赖中获得的安慰也是一样的，但它的特别之处在于，它所依赖的假设前提有所不同。维多利亚时期的女孩在庇护的环境下成长，她们同样也会依赖他人，但她们所依赖的世界通常是很友善的。对一个慷慨、仁慈和有保障的世界表示依附和接纳的态度，既不让人感到痛苦也不会发生冲突。

但在神经症病人眼中，这个世界多多少少是不靠谱的、冷酷的、吝啬的、报复性的；去求助于并依赖于这样一个充满着潜在敌意的世界，就相当于在危险的迷雾中毫无防备。有受虐倾向的人在处理这种境况时只能是投入他人的怀抱寻求怜悯，通过完全淹没自己的个性并与伙伴在一起，他才能获得一定的安慰。他们获得安慰的方式，就好像一个岌岌可危的小国为寻求庇护，向一个强大的、极具进攻性的大国投降并交出主权和独立权。有一个区别是，小国知道它不是因为爱而这样做，但在神经症病人的眼里，采取这种措施是出于忠诚、奉献或伟大的爱。但实际上，有受虐倾向的人无法去爱，也不相信他们的伙伴或其他任何人会爱上他。他们高举奉献的旗帜，实际却只是通过对伙伴的纯粹的依附来缓解焦虑，因此这种安全感的本质是不可靠的，病人害怕被抛弃的恐惧从未消失过。伙伴传递的任何友善的信号都能给他们带来宽慰，但是伙伴一旦对其他人或他们自己的工作感兴趣，或者未能满足病人永无止境的对积极兴趣的苛求，都会马上引起病人对被抛弃的幻想并由此引发焦虑。

这类通过自我贬低达成的安全感是一种不引人注目的安全感。我们仍需强调，通过将自己变得微不足道、没有吸引力和谦卑确实可以获得安全感，就像以美好品质给人留下好印象而产生安全感一样。寻求这种卑微的、不引人注意的安全感的人，他的行为就像一只老鼠，它宁愿待在洞里，因为它害怕一出洞便被猫吃掉。这就导致病人对生活的感觉就像是偷渡者的生活一样，他们不得不藏匿以防被人发觉，也没有自主权。

病人死死地依附于一种低调的、无存在感的行为模式，这就暗示着此类态度的出现，并且一旦依赖的权利被剥夺，病人就会产生焦虑，这也体现了这种态度的强迫性特征。例如，如果他们的生活环境变得比现在更好，他们就会变得很警惕。或者说，一个人认为自己能力低下，因此他如果想在讨论中发表意见，就会变得很恐惧；就算是贡献出了有价值的建议，他仍会用一种歉疚的方式表达出来。他们常常在儿童时期或青少年时期很害怕穿精致的服装，担心自己穿上之后比朋友们还好看，因为他们害怕会引人注目。他们既不希望有人因为他们而受伤害，也不希望喜欢他们或欣赏他们，因为就算事实证明这是错的，他们仍然会坚持他们的信念：他们"不值一提"。但当他们真的做得很好，而且受到了应得的表扬时，他们却会表现得尴尬不安；他们倾向于降低自己的价值，由此把自己从成就感和满足感中剥离开来，由此产生的焦虑常常是工作抑制的一个重要特征。比如说，创造性的工作变成一件痛苦的事情，因为它常常意味着需要保持自己独特的观点或感觉，这种任务因而只能在旁人的不断安慰下才能完成。

"鼠洞"态度并不是每次都会引起焦虑，因为生活已经以某种方式得到了自动的安排，以防止焦虑的产生，或者是因为逃避的反应是自动发生的。比如，没有抓住机会，甚至就没有注意到机会；寻找借口紧守低于自己现有能力的二流职位，自己甚至没意识到可以和应该提出的要求；避免与自己真正喜欢的人或者可以帮忙的人接触。一件事尽管存在困难，却取得了成功，就算如此他们在情感上也不会有成功的体验。一种新的主意、一份圆满完成的工作，在他们内心也会立即贬值。他们宁愿买一辆福特也不愿意买林肯，尽管他们更喜欢后者，并且他们也买得起。

大多数神经症病人都意识不到这样一个事实：他们通常只能感受到规律性的结果，却无法意识到自己受到谦卑低调倾向的支配。他们可能会有意识地采取防御性态度，并相信自己并不喜欢出风头或者并不在乎成功。或者他们会因为自己的软弱、无足轻重、无吸引力而略感遗憾，或者，最常见的是，他们体会得最多的是自卑感，这些感觉都是他们自我主张退缩的结果而不是原因。

所有这些都意味着，对生活采取软弱和无助态度的倾向都是我们所熟悉的现象，但通常我们认为这是由其他原因造成的。在精神分析文献中，它们被描述为由被动同性恋倾向、内疚感或想当孩子的愿望所造成的结果——在我的观念中，所有这些解释都会使问题更加难以解决。对于想当孩子的愿望，受虐倾向确实可以通过这些术语来表达，他们可能会在梦境中重新回到母亲的子宫或者回到母亲的怀抱。可是，将这种心理现象解释为想做回孩子的愿望是不合理的，因为神经症病人的"希望"像孩子般幼小，就像他的"希望"孤立无助一样，正是焦虑的压力迫使他们接受自己采取的策略。梦想成为一个婴儿并不能证实他们希望成为一个婴儿，这其实表达了他们希望被保护的愿望，即不需要自力更生也不需要负任何责任——这种愿望很吸引人，因为他们本身就有着深深的无助感。

因此我们已经看到，受虐倾向是一种特殊途径，它被用来缓解焦虑、应对生活中的难题，特别是应对危险或者应对令受虐狂感到危险的东西；尽管这是一种本身就带有冲突的方法。首先，神经症病人总是因为自身的弱点而蔑视自己，这与文化模式下的孤立无助和依赖性有明显的区别。比如，维多利亚时期的女孩对于她的依赖性表示满意，它不会贬低她的幸福也不会损害她的自信，相反，某些虚弱、无助、依赖的特点还是女性的优良品质。但受虐狂并没有生活在这种文化背景之下，他们的受虐态度并不受褒奖。此外，神经症病人需要的不是无助，尽管它为他们提供了有价值的战略方法来获得他们所渴望的一切，但他们想获得的只是谦卑和依赖，甚至他仅希望借此而获得安全感。软弱，就是这种方式导致的无法避免的，并不为人期待的结果。就像之前提到的，它是格外不被期望的结果，这是因为在充满潜在敌意的世界里表现出软弱是极其危险的。在这种危机与他人对软弱持不认同态度的共同作用下，软弱对于神经症病人来说更加可鄙了。

因此软弱是一种几乎总是无穷无尽的恼怒的来源，甚至是无力愤怒的来源，它可能会由日常生活中数不尽的偶然事件激发。病人常常能感觉到偶然事件和随之而来的恼怒，但是并不清晰。但这种类型的人会深深地隐藏自己，他们不敢表达自己的观点，不敢表达自己的愿望，该拒绝的时候他们却臣服了，对他人的阴险狡诈知晓得太晚。在应该坚持自我的时候，他们一直都表现得十分温顺，总是认为自己是错的，因此失去了机会，只能通过生病来逃避困境。

由他们自己的弱点而带来的持续性痛苦，是导致他们一视同仁地钦慕他人力量的原因之一。任何敢于在公共场合斗志昂扬或者坚持自我的人都会被他们暗自倾慕，不管这些人是否值得他人敬佩。一个敢于撒谎或者吹嘘的人所得到的病人的暗自倾慕，跟那些优秀的有勇气的人所获得的崇敬是一样多的。

另一个由内心灾难带来的结果是，他们自以为是的想法大量滋长。在他们的幻想里，受虐狂可以跟他们的雇主和他们的妻子说起自己对他们的看法；在他们的幻想里，他们摇身变成了时代的情圣——唐·璜；在他们的幻想里，他们开始发明创造、开始出书。这些幻想都具有安慰的作用，但同时也加强了他们内心存在的对比。

建立在受虐狂依赖性基础上的关系充满了对伙伴的敌意，我会在此提出这种敌意的三个主要原因。一个是神经症病人对伙伴的期待。因为他们是没有能量、主动性和勇气的人，他们暗自希望自己的伙伴能为他们做任何事，包括从关心、帮助、消除威胁、负责任以及维护声望和荣誉。在他们内心深处，有一个愿望常常被深深地压抑着——他们希望能寄生在伙伴的生活当中。这种愿望是很难实现的，因为没有任何想维持自己独立性和个人生活的伙伴能与他们生活在一起，并忍受他们这样的期望。如果神经症病人可以意识到自己对伙伴期待的程度，他们就不会因为对伙伴的失望而做出这么大程度且完全不成比例的敌意反应；这样的话，在那种情况下，他们就只会为没有得到想要的东西而生气。然而，他们并没有兴趣打开天窗说亮话，因此他们必须表现得像个小男孩或者小女孩一样谦虚而无辜。在现实中，这个过程其实就是一种简单而任性的生气反应，然而这种反应却在他们心里变得扭曲了。在他们的期待中，并不是自己以自我为中心而不顾及他人的感受，而是自己被伙伴忽视、奚落和虐待，因此无根据的生气反应转而成为邪恶的道德愤怒。

此外，尽管受虐狂为了安全感绝对不会放弃他们的信念：自己"一无是处"，他们还是会因为他人对自己的一点点忽视或不恭敬的态度而过度敏感并大发雷霆，但是出于种种原因，他们不得不压抑着愤怒。即使获得真正的友谊，他们也不会为之动容，因为在他们看来自己"一无是处"，因此也不会觉得自己对他人来说很重要。由此而引发的对他人的刻薄是激化冲突的重要因素，这种冲突就是在需要他人和憎恶他人之间产生的冲突。

第三个产生敌意的主要源头隐藏得更深。因为受虐狂不能容忍自己和伙伴之间存在任何间隙，更不要说分开了，所以他们实际上有着被奴役的感觉。他们觉得自己不得不接受伙伴提出的任何条件，不论这些条件是什么。但由于他们讨厌自己的依赖性，对这种羞辱感到愤怒，不管伙伴怎样关心他们，他们在内心必定会与之对抗。他感到伙伴们在掌控他，而他们像只困在蜘蛛网里的苍蝇，而伙伴就是蜘蛛。在婚姻当中也是一样，妻子和丈夫常常都会抱怨受到令人无法容忍的控制。

部分敌意因此而偶尔发泄出来，但整体来说，受虐狂对伙伴的敌意包含着持续的、难以疏解的危险，因为他们需要伙伴，故此势必害怕伙伴会离开他们。

如果这种敌意的强度加大，焦虑便由此产生，但他们越是感到焦虑，就越是依附于伙伴。恶性循环由此产生，他们想要与伙伴分开也变得更艰难更痛苦。因此，受虐狂人际关系带来的冲突归根结底也就是依赖和敌意之间的冲突。

以上受虐结构中的基本倾向在生活的方方面面都有所体现。从它们存在的程度上来说，它们决定了个人是如何追求他的愿望、表达他的敌意以及逃避困难的。它们也决定了他是如何处理自己内部的其他神经症需求，比如说控制他人的需求或者维持完美形象的需求。最后，它们决定了对于他来说哪些满足感是可以获得的，从而影响到他的性生活。接下来，我将讨论不同生活领域里的不同受虐特征，我将仅挑选几个特征来论述，因为该章节的目标不是研究受虐，而是传递一个关于受虐现象基本原理的总体印象。

有受虐倾向的人的某些愿望可被直接表达出来，尽管他们每个人所表达的程度和条件都不同。但是，表达愿望的具体方式在于，他们会说明自己因情况糟糕而产生的需要是多么迫切，以此来给别人留下更深刻的印象。比如，一个保险推销员，当他恳请潜在的客户购买他的保险时，不会大肆宣扬这个保险的价值，而会说自己急需获得佣金以应付生活；当一个优秀的音乐家申请工作时，他不会展示自己的技巧，而是强调想要挣钱的愿望。更准确地说，这种具体的表达愿望的方式就是拼命地呼求帮助，暗示"我是多么的可怜和绝望——帮帮我吧"或者"如果你不帮我，我就完全失去了方向"，或者"在这个世界上我只有你了——你必须对我好"，或者"我没办法做到——你必须帮我做"，或者"你对我的伤害是如此之多，你必须对我的痛苦负责"，这在无形中将道德义务都套在了受虐狂认为的必须为他负责的人身上。冷静的精神病观察家会注意到，病人为了达到他们的目的，得到他们想要的东西，会不自觉地采用一定的策略来夸大他们的痛苦和需求。这在目前看来是正确的，病人正是通过展示自己的痛苦和无助，采用典型的受虐策略来获取他们所期待得到的。

但问题是，为什么他们仅用这种特别的策略呢？有时它很管用，但是大量过去的案例显示，它只是一时起作用；他们周边的人迟早都会对这种策略感到厌倦，不再被他们的痛苦打动，也不会有什么反应了。如果受虐狂加强他们的进攻，比如威胁说要自杀，那么虽然这个效果当时仍然会起作用，但是过一段时间也会失效，因此，我们不能认为他们的这种态度只是一种策略。为了更充分地理解，我们必须认识到，不管他们是有意识的还是无意识的，受虐狂都深信：他们所处的这个世界非常艰难，没有仁慈，且完全没有自发的友善。因此他们觉得只有给别人施压，他们才能得到自己想要的。另外，他们基本上认为自己是没有权利为自己要求什么的，因此在他们的心里，他们的愿望必须是正当的。在这种苦难中，他们找到的解决方法就是运用他们现有的无助和可怜作为一种手段来施压，同时使自己的要求合理化。他们没有意识到这一点，并让自己滑向更深的痛苦和无助当中，甚至比之前更厉害，因此主观上他们认为自己有权利提出要求。这个过程是以和平的方式展开，还是以激烈的方式展开，这取决于很多因素；但原则上，"受虐式的呼吁帮助"这个花样无法翻新，基本因素总是相同的。

表达敌意的方式由于每个人人格结构的不同而存在差异。对于那些极力追求表现完美的人来说，他们倾向于通过自己的道德优越感、超群的智力或者永远完美无缺来刺激或伤害他人。受虐狂表达敌意的特殊方式是承受痛苦、表示无助，呈现自己付出牺牲或者受到伤害，或者恨不得自己灰飞烟灭——按照人类学家的观点来说就是，在侵犯自己的人面前自杀。他们的敌意也可在残忍的幻想中产生，特别是幻想对他们认为的冒犯自己的人进行再三羞辱。

受虐类型的敌意不仅仅是防御性的，它常常带有施虐性特征。当一个人从使他人无助或给他人带来痛苦中获得满足时，他就是有施虐倾向的。[1]施虐冲动可以从一个软弱的、受压迫的人的仇恨中生成，也可以从一个奴隶身上产生，而

---

[1] 该定义是不完整的，因为当灾难或残忍的行为发生时，就算他们只是看到或听到，也会获得类似的满足感。虽然如此，这里说的也是享受优越感的一个因素，他们感到自己比那些遭受意外、残忍行为、羞辱的人要优越。施虐中的力量因素是由萨德侯爵本人提出的，尼采在他所有的著述中都对其进行过强调。后来，艾瑞克·弗洛姆也在他关于权威心理学的讲座中进行了强调。

这个奴隶渴望令他人臣服于自己，而且任何事情都听命于自己。受虐狂的基本性格结构具有所有利于上述定义的施虐倾向发展的前提条件：他们的软弱有很多原因，他们感到羞辱和压抑，在他们心里，他人必须为他们的痛苦负责。

　　此处有少许理论上的分歧。弗洛伊德总是设想，施虐倾向和受虐倾向之间是有联系的。他的初衷是把受虐倾向视为内化的施虐倾向，因此认为它们初级的满足感源于让他人痛苦，次级满足感则是将相同的冲动转向自己。弗洛伊德后面对于受虐倾向的观点并没有改变这种论调，因为当受虐倾向被视为性本能和破坏性本能的融合时，它的临床表现——这就是我们都非常感兴趣的，仍然将施虐冲动由外转内，朝向自己。但我们通过设想新的理论发现了新的可能性——受虐不管怎样都比施虐（原始性受虐）更早产生。虽然我并不同意后者论点的理论含义，但从临床的角度来看我持赞同态度，受虐倾向的基本结构是促使施虐倾向滋生的肥沃土壤。但人们应该会对普及这一论点犹疑不决，因为施虐倾向绝不单单只有受虐类型的特征。任何软弱和压抑的人，如果不是因为神经症原因而变得软弱和压抑，都有可能产生这种倾向。

　　在困难面前畏缩逃跑这一表现本身并不是受虐性质的。受虐倾向的特殊因素是病人自己感到的困难，特别在于他们选择逃避困难的方式是什么。由于他们强迫性的谦卑与依赖以及它们所带来的影响，在他们眼里，遇到一点小的困难就如同泰山压顶，特别是当他们应当为自己做些什么的时候，或者是当他们需要承担责任和面对危险的时候。有些类型的病人只要一想到做大事，总是会竭力回避付出努力或者表现出精疲力竭，比如说圣诞节大采购或者搬家。受虐狂在面对困难时的典型回应是立即回答"我做不到"，有时他们则蜷缩在恐惧里，似乎害怕应该付出的努力会伤害他们。

他们逃避困境的典型方式是拖延，特别是用生病做借口。当一些令人厌烦、充满危险的工作等着他们时，比如考试或者与雇主的争论，他们就会感到惊慌，他们就会希望生病或者至少能发生点意外。当他们必须得去看医生时，或者他们被安排了商务事宜时，他们会设法拖延，顺便把现有的问题抛诸脑后。比如说，他们必须理清杂乱无章的家庭情况。如果他们能坐下来积极地处理这些问题，他们将顺畅地摆脱这种困境。然而，他们却从来不会清晰地理顺当前的麻烦，他们只是稀里糊涂地希望这种困境会随着时间的推移而自己消失，因此他们总是感到心头笼罩着挥之不去的模糊而巨大的威胁。这种逃避所有困境的心态反过来加重了他们的软弱感，并让他们在实际当中变得更软弱，因为他们错过了通过与困难搏斗可以获得的力量。

受虐的基本结构也决定了个人如何应对其他神经症倾向，这些倾向与他们的受虐倾向是结合在一起的，我会对它们之间可能存在的关联进行简单的阐述。

如前所述，受虐结构不能与自我夸大的倾向分开理解。[1]它们都属于同一种结构，它们都是想要把淹没在自我轻视中的自己拯救出来的手段。它们通常都处于幻想状态中，消耗了不少时间和精力。

神经症野心会令人难以忍受自己在现实中无法实现伟

---

[1] 这一陈述是不可逆的，在没有受虐倾向的情况下，或至少在它们对于人格不是那么重要时，自我膨胀都有可能发生。参见第五章《自恋的概念》。

大而卓越的事业，当这种野心与受虐倾向同时出现时，又会是另外一番景象。在那种情况下，病人会陷入艰难的困境，因为野心极力催促个人取得成功，而谦卑低调又使他害怕成功，应对这种情况的特殊受虐方式就是将无法成功的结果怪罪于他人或者环境——并寻找疾病或借口来掩盖自己的不足。一个女人可能会将失败的原因归纳为身为女人，又或者，一个人可能将无法进行创造性工作的原因说成是日常事务太琐碎。想成为出色演员的女孩却害怕演戏，她将自己身材矮小作为不愿登台的借口，其他女人将自己未能取得舞台上的成就归咎于他人的嫉妒。其他人则把自己的失败怪罪于贫困家庭的出身，或是怪罪到亲朋好友头上，说他们干涉了自己的计划或者没有充分地支持他们。

　　此类病人可能会有意识地希望患上慢性病，比如肺结核。通常他们不会意识到对生病的期待会给他们带来美妙的感觉，但我们几乎无可避免地会得出这种结论，因为我们会看到，这类人为了生病不会放过一丝一毫的可能性：任何心率异常都会让他们觉得就是心脏病，任何短时期的尿频，他们就以为是糖尿病，只要一腹痛就好像是阑尾炎发作了。他们的这种兴趣常常是疑病性恐惧的因素之一，这种恐惧是对生病愿望的反应，而这种愿望会在想象中得到生动的呈现。病人这种对生病的积极兴趣使得医生很难去说服他们，告知他们并没有心、肺、胃的毛病。每一位医生根据经验都会知道，此类病人可能会不顾自己的恐惧，而对"自己身体一切正常"的说法表示憎恨。毋庸多言，这并不是疑病性恐惧的全部释义，而只是在他们身上发挥作用的众多因素之一。

最后，神经症障碍本身就可作为托辞，这样的情况也会阻挠治疗。这类病人会感到，如果痊愈，自己将会失去一种借口，也就是他们不愿意用能力去经受现实工作的挑战的借口。他们如此害怕这种现实挑战是出于这样几种原因：一个是因为他们的自我贬低倾向，他们总是从本质上怀疑自己能否取得任何成就；另一个是真正地为成功而付出努力对他们来说是"自找麻烦"；同时，他们隐隐约约地意识到，对实际工作和成功的期待对他们来说并没有吸引力。在他们的幻想里，他们可以轻而易举地实现辉煌的目标，相对来说，在现实生活中，那些他们付出艰辛劳作和不懈坚持才获取的值得尊敬的工作实在是太微不足道了，因此他们总是更愿意在幻想中保留那份雄心壮志，而把神经症问题作为借口。在精神分析中，这经常被视为一种不愿意治愈的表现，这完全是出于对惩罚的需要。这种解读是站得住脚的，比如说，病人在疗养院或度假村时，他们暂时会觉得治愈了，这时候他们不必对他人和自己抱有任何责任、义务或者期待。更准确地说，这些病人尽管期待着痊愈，但无论怎样还是会逃避这种期待，因为治愈就意味着必须对生活采取积极态度，从而失去了无法积极达成他们某些野心的借口。

受虐倾向也可与对权力与控制的强迫性需求结合在一起，对此我可以不必长篇大论，因为受虐狂进行控制的方式是利用自己承受的痛苦和无助作为借口，这是个普遍常识。病人的家人和朋友都会向他们的愿望屈服，因为他们害怕如果不照做，病人就会出现一些爆发性的现象，例如绝望、抑郁、无助、功能性失调等类似的情况。但还应加上一点，亲戚们通常都认为他们的行为仅是个策略。阿尔弗雷德·阿德勒[1]对此的贡献是指出了无意识策略动机的重要性，但如果说出于充分解释这一现象而考虑，那么它就成为他的众多肤浅所在之一。为了抓住为什么神经症病人一定要达到某一目的，以及为什么只有特定方式才能协助他们达成目标的要点，我们必须理解整个结构。

在此必须提到的最后一个组合是，受虐倾向与完美表现强迫性需求的结合。自我轻视与这种需求有关联，就像弗洛伊德认为的那样，这种关联的根源是对"超我"惩罚力量的受虐式屈从。之前我已经阐述过，这些倾向本身都不具有受虐性质，而是由性格结构中的其他因素决定的。[2]但他们有可能出现在某个受虐倾向显著的人身上，在那种情况下，他们就不仅仅表现出自我轻视，而是表现出一种沉迷于内疚感的倾向，并诉诸痛苦来赎罪。非神经症人群在处理内疚感时会直面自己的缺点并努力克服它们，但这种方式要求一定的内动力，而这种动力恰恰是受虐狂不具备的。

当然，在用承受痛苦来赎罪的尝试中，受虐狂遵循着一种文化模式，用牺牲来敬仰上帝是一种广为流传的宗教仪式。在我们的文化中，基督教教义下的受难即是一种赎罪的方式，刑法也把承受痛苦作为对侵犯者的惩罚，教育方面只在近年才取消了这种规则。因为这些方式跟受虐癖者的结构很相称，所以他们常常利用这种方式。他们有着对接受受难或把自责鞭打自己作为惩罚手段的强烈意愿，这些意愿的显著特点完全在于它们具有无用性；因为这种情愿受罚的意愿并不带有真正的内疚感，而仅仅是为了实现他们对完美外形

---

[1] 阿尔弗雷德·阿德勒《理解人类本质》（1927年）。

[2] 参见第十四章《神经症内疚感》。

的强迫性需求，最终这种受罚的目的是企图重建他们的完美形象。

最后，受虐的基本结构也决定了病人可以获得哪一类的满足。令人满意的受虐经历可以与性相关也可以无关，前者包含了受虐幻想和性变态，后者则沉迷于痛苦和无用感中。

为了理解一个使人困惑的事实，也就是承受痛苦可引起满足感这样的事实，我们必须首先认识到，几乎所有可产生满足的方式都与受虐类型有关。所有积极的自我主张行为通常都被回避了，如果卷入其中就会产生强烈的焦虑，可以获得的满足都会被毁掉。获得令人满足的经历的可能性因此而消失，这些经历不仅包含有关领导力和前瞻性的工作，还包括独立工作或者为了一些目标而根据计划坚持不懈的努力。此外，由于强迫性的谦卑低调，病人感受不到认可或者成功的喜悦。最后，受虐狂无法自愿地将他们所有的能量都投入到一项服务或事业中去。虽然他们不得不依附于"伙伴"或者群体，但由于他们不能独立，还是过于忧虑、疑心太重、太利己主义，因而他们无法心甘情愿地、诚心诚意地将自己交给任何事或任何人。

他们无力向任何人献出积极的发自内心的感情但又不肯屈服，这注定要对他们的爱情造成伤害。其他人对于他们满足一定的要求来说是不可或缺的，但是他们并不能给他人带来发自内心的感情，不能关心他人的兴趣爱好、他们的需要、他们的幸福、他们的成长；他们所能爱人的程度不会超过他们投身自己事业的程度，因此这种满足感本来可在爱情和性欲中获得，现在却被扭曲了。

本可获得的满足感因此而被深深地压抑了，实际上，满足感仅可通过获取安全感的途径取得。我们也看到，依赖和谦卑都是这些途径的特征，但我们却面临着一个问题，因为仅靠依赖和自我隐藏是不能获得满足感的。观察发现，满足感是这些态度都发挥到极致的产物。在一种性虐待幻想或者性变态里，受虐狂不仅依赖其伴侣，而且还是伴侣手中的泥土，任由伴侣强暴、奴役、羞辱、折磨。相类似地，当谦逊低调发挥到极致的程度以至于让他们在"爱"或牺牲中完全迷失自己，失掉了身份认同，失掉了尊严，在自我贬低中埋没了个性，如此他们便会感到满足。

为什么在寻求满足感时必须达到极端呢？依赖伙伴是受虐类型人士的一种生活状况，因为这充满着冲突和痛苦的经历，所以不会产生很大的满足感。为了避免普遍的误会，让我明确地重申一次，冲突和痛苦的经历既不是暗自期许的也不是愉悦的，而是无法回避的，它们对于受虐狂来说是痛苦的，正如它们对别人来说一样痛苦，这种势必会造成受虐关系不愉快的经历都在基本结构的讨论中提到过。在此重复一部分：受虐类型的人对自己的依赖性是很鄙视的，因为他们对伙伴抱有过高的期待，他们注定会失望和愤怒，他们注定会常常感到自己受到了不公平待遇。

因此只有减少冲突和麻痹痛苦才能从此类关系中获得满足感，有几种方法可消除冲突和心理痛苦。在受虐狂的冲突中，总的来说，它是因依赖而产生的，这种冲突在于软弱与强大之间、随波逐流与自我主张之间、自轻与自傲之间。他们解决这些冲突的特别的办法就是，在变态和幻想中摆脱自己对力量、骄傲、尊严、自尊的追求，完全放弃自己而依附于软弱和依赖。当他们因此而变成伴侣手中的无助的工具时，当他们因此将自己沉溺于屈辱之中时，他们就可获得满足的性体验。能平息精神痛苦的特殊受虐方式，是加剧痛苦并因此向痛苦屈服。通过沉迷于羞辱，人们自我蔑视的痛苦可由此而被麻痹，因此可获得愉快的经历。

观察显示，通过将自己淹没在痛苦之中，可缓解无法承受的痛苦并将其转化为令人愉悦的事情。有能力进行良好自我观察的病人对此会发自内心地认同，他们会感到轻微的责备、失败，仅仅只是痛苦的，但接着他们却让自己陷入绝望的痛苦里。他模模糊糊地意识到自己做得太夸张了，他们其实可以把自己拉出痛苦的泥沼，但从根本上他们也知道自己不愿意这么做，因为沉迷痛苦的魅力实在是不可抗拒。当受虐倾向与完美形象的强迫性需求结合时，对完美形象的偏离也会以同样的方式受到处理。意识到犯错仅是一种痛苦，但通过加强这种感受并沉迷在自责和感到自己无用的想法中，受虐狂会对痛苦感到麻木，并从自我贬低的放纵中获得满足感，这种情况就是去性化的受虐满足。

痛苦怎么会通过强化而减轻呢？我之前已经对该过程中的运作原则做过描述，我会在此逐字引用。当论及似乎是出于自愿而承受越来越多的痛苦，我就提出过："在承受痛苦中病人没有获得明显的好处，没有任何观众会对此留下什么印象，也不会赢得任何人的同情，从对他人施加愿望中也没有获得任何隐秘的成功。尽管这样，神经症病人仍获得了其他类型的东西。爱情受到挫败、竞争失败，意识到自身的弱点或者短处，对一些过分夸大自己独特性的人来说都是难以承受的。因此当他们把自己估算得一文不值的时候，成功和失败、优越和低微的概念类别对他们来说都不存在了；通过放大他们的痛苦，迷失于痛苦或者无用的感觉中，令人愤怒的经历就会失去些许现实意义，特别痛苦的刺痛即得以缓解和变得麻木。这个过程中发挥作用的原则是辩证原则，它包含着哲学真相，那就是达到某一点之后，数量就会转变成质量。具体来说，它就意味着尽管经受折磨是痛苦的，但是放任自己而沉沦于过度受难中就可能获得类似于鸦片止痛的效果。"[1]

以这些方式获得的满足感包含着在一些事情里放任自己和迷失自己。我不知道它是否还可进一步分析，但如果我们可以将此谜团与类似的经历相联系，比如说性放纵、宗教狂热、迷失于一些伟大的情感中，等等，不管它是否由自然、音乐或者事业的热情所导致，我们都可以揭示其神秘性。尼采称之为狂欢倾向，并认为它是人类获得满足感的基本可能性之一。鲁思·本尼迪克特[2]和其他人类学家曾指出它运作于很多文化模式里。受虐癖者由于其基本性格结构，倾向于以完全自我抛弃而依赖他人、痛苦和自我贬低的形式呈现它，这就阻挠了其他获得满足的途径。

回到我们最初提出的问题上，受虐是否是性追求的一种特殊形式，它是否可定义为普遍性地对满足感的追求，或者特殊性地通过受苦对满足感进行追求——我得出的结论是：所有这些追求都只代表这种现象的某些方面，而不是其核心部分。核心部分是胆小和孤立的个人通过依赖和使自己在人群中默默无闻来应对生活和生活中的危险。这些基本追求铸就了性格结构，性格结构决定了愿望以何种方式被坚持、敌

---

[1] 卡伦·霍妮《我们时代的神经症人格》第十四章。
[2] 鲁思·本尼迪克特《文化模式》（1931年）。

意以何种方式被表达、失败以何种方式被合理化、其他并存
的神经症追求以何种方式被处理，同时，它还决定了个人寻
求何种满足感以及以何种途径找到了这种满足感，受虐狂的
变态行为和幻想中的特殊性欲满足同样也是由它来决定的。
该问题的争议在于，受虐狂的变态行为并没有解释受虐狂性
格，而这种性格却解释了性变态。受虐癖者也像他人一样不
愿意承受哪怕一点点的痛苦，他们的受苦是由自己的性格结
构所导致的。他们偶尔在受难以外找到的满足感，却是源自
对沉迷痛苦的狂喜和自我贬低。

　　因此在治疗任务中，我们需要揭示基本受虐性格趋向，
跟进它所有的分支细节，并发掘这些衍生分支与其对立趋向
之间的冲突。

第十六章　精神分析疗法

　　迄今为止，精神分析疗法既不是凭直觉也不是以常识为导向的，而是受到理论概念的影响。在很大程度上，这些概念决定了哪些是应观察的因素，哪些因素对于产生、维持和治疗神经症极其重要，同时还决定了治疗的目标是什么。理论的新方法肯定会决定治疗的新方法，我在很多章节本应有更为详细的阐述，但由于本书篇幅与结构的限制，我只能省略很多相关的问题，对此我表示遗憾，而对于本章来说更是如此。我将要讨论的问题或多或少与分析治疗工作、治疗因素、治疗目标、病人与分析师所面临的困境、引领病人克服障碍的心理因素等有关。

　　为了理解这些因素，让我们简短地总结一下神经症在本质上包括什么。很多不利的环境因素[1]综合在一起，导致孩子与自己、与他人的关系出现障碍。最直接的影响就是导致了我称之为"基本焦虑"的现象，它是一个集合性概念，

---

　　[1] 我不讨论体质因素的影响，一部分原因是它们与精神分析治疗不相关，但主要原因是我们对其知之甚少。

即面对这个被认为有着潜在敌意和危险的世界时，人们产生的内部脆弱和无助的情绪感受。基本焦虑促使人们寻求安全应对生活的方法，人们选择的方法都是那些在既定环境下可以使用的。这些方法也就是我所说的"神经症趋向"，它们具备了一种强迫性特征，因为个人觉得只有死板地遵循它们才能在生活中坚持自我并躲避潜在危险。神经症趋向是个人获得满足和安全的唯一途径，因此愈发强化了神经症趋向对个人的控制，而其他获取满足的可能途径由于充斥着焦虑而关上了大门。此外，神经症趋向是人们对这个世界怀有的憎恨的一种表达。

尽管神经症趋向因此具备了对个人有用的确切价值，但它们总会对人们的进一步发展产生深远广泛的不利影响。

它们提供的安全感总是不可靠的，一旦它们运作不正常，个人便会轻易地臣服于焦虑。它们让病人变得刻板僵化，而这一情况会愈演愈烈，因为病人总需要建立进一步的保护手段来缓解新的焦虑。病人总是纠结于矛盾对立的追求之中，以及在初期即可产生的现象，或者某一方的僵化驱力会激发出相反一方的驱力，或者一种神经症趋向可能自身就带有冲突。[1]这种不能兼容的追求促成了焦虑产生的极大可能性，因为这种不协调意味着它们中一方攻击另一方的危险。因此，总的来说，神经症趋向会导致个人感到更加不安。

另外，神经症趋向促使个人与自我的疏离，这种情况

---

[1] 第一类的典型例子是：神经症野心发展的同时伴随着神经症情感需求；第二类的例子是：谦逊低调的受虐倾向引起自我膨胀倾向；第三类的例子是：顺从与反抗之间的冲突倾向，它们是完美形象需求的根源。

和他们结构的刻板僵化一起从根本上阻碍了他们的生产力。他们可能去上班，但他们真正的自发性自我中鲜活的创造力源泉必将被阻断。同时，他们会变得不满，因为他们获得满足感的可能性受限，而满足感本身通常也仅是临时的和零星的。

最后，尽管神经症趋向的功能是提供一种基础，在此基础上病人可与他人打交道，但它同时也会更进一步地损害人际关系。造成这个问题的主要原因是它们促使个人依赖于他人，并激发了各种各样的敌对反应。

由此发展起来的性格结构是神经症的核心。抛开无穷无尽的变数不说，它总是包含一定的普遍特征：强迫性追求、冲突趋向、产生显性焦虑的倾向、伤害自己与自己或他人的关系、明显存在于潜力和实际成就之间的落差。

所谓的神经症症状通常被视为它们的分类标准，并不是本质要素，比如恐惧症、抑郁、疲惫等神经症症状可能都不会产生。但如果它们出现的话，即为神经症性格结构的产物，我们也只有在此基础上才能理解它。实际上，"症状"和神经症性格困难的唯一区别是，后者很明显地与人格结构有关联，而前者与性格的关联不是那么紧密，表面上更像是外部领域的产物。神经症患者的胆怯是他们性格趋向的显著产物，而他们的恐高症却不是。尽管如此，后者也不过是对前者的表达方式而已，因为在恐高症中，他们的各种恐惧仅仅是被转移并聚焦在某一特定的因素上。

根据对神经症的解读，有两种治疗方案都是错误的。其中一个是试图直接理解症状特征，而不是先对特定的性格结构进行全局上的理解。通过与实际冲突的联系，有时我们能直接解决在单一境遇性神经症中产生的症状，但在慢性神经症中，我们本就对其知之甚少，更不要说症状特征了，因为它是由所有现存的神经症纠结导致的最终结果。比如，我们不知道为什么一个病人会患上梅毒恐惧症，而另外一个病人会患上食欲亢进，第三个则是疑病性恐惧。分析师应当知道，不能直接去理解这些症状，也要知道为什么不能这么做。通常，结果证明，任何试图对此症状进行即刻解读的行为都失败了，或者至少意味着浪费时间。最好是先将它们置之不理，待理解性格倾向后再回来考虑。

通常病人会因此对这个过程不很满意。他们其实很自然地希望马上就能得到对此症状的一种解释，当他们觉得这是没必要的拖延时，他们就会感到恼怒，其实他们恼怒的深层原因是他们不想被任何人撞见自己人格中的秘密。分析师会尽最大努力向病人坦诚地解释这种过程，并分析病人对此的反应。

另一种错误方法是将病人的实际怪癖与某些童年经历直接联系在一起，由此迅速在两组因素之间建立了随意的因果联系。弗洛伊德在治疗中的主要兴趣是从本能源头和早期经历开始追溯现存实际困境的来源，这个过程与他在心理学中的本能论和发生论的特征是一致的。

根据该原则，弗洛伊德在治疗中有两种目标。如果——如有任何不准确的地方敬请谅解——我们将弗洛伊德所说的本能驱力和“超我”等同于我所说的神经症趋向，那么弗洛伊德的第一个目标就是承认神经症趋向的存在。比如，他可从“自责”和“自我强加限制”中总结出病人有一个严苛的“超我”（需要表现完美）的结论。他的下一个目标是将这

些趋向与幼儿期来源相联系，并在此基础上进行分析。对于
"超我"，他的主要兴趣在于认识父母颁布禁令的类型——
这些禁令仍在病人身上发挥作用，并揭开俄狄浦斯情结的关
系（性纽带、敌意、认同），他认为这些是对此现象的最终
回答。

　　根据我对神经症的理解，主要神经症障碍都是神经症
趋向的结果。因此在认识神经症趋向之后，我在治疗中的主
要目标就是发掘它们详细的功能，以及它们在病人人格和生
活中产生的影响。在此，我将再以完美形象需求为例，我的
主要兴趣在于这种倾向对个人来说到底达成了什么（减少与
他人的冲突，让病人觉得比他人更优越），还在于该趋向是
如何影响病人的个性和生活的。对后者的调查可以让我们理
解，个人是如何急迫地想要迎合他人的期待值和标准，以至
于变得像个机器人，但又会给予它颠覆性的否认；这种双面
性是如何致使个人变得萎靡不振和懒惰的，他们是怎样为自
己显著的独立性而感到骄傲的，却又实际上完全依赖于他人
的期待和观点；他们是怎样憎恨对他们的一切期待，却又感
到如果没有他人的期待来引导他们，就会完全迷失自我；他
们是怎样害怕别人发现，他们的道德追求其实是浅薄而表里
不一的，而他们的生活中却随处可见这些浮夸脆弱、口是心
非的现象；这些反过来又是怎样促使他们离群索居，并对批
评极为敏感的。

　　我与弗洛伊德的观点不一样，经过对神经症趋向的理
解，他主要研究它们的起源，而我主要研究它们的实际功能
和它们导致的结果。这两种进程的目的都是一样的：尽量减
少神经症趋向对个人的控制。弗洛伊德认为，经过对神经症

趋向的幼年期本质的认识，病人会自动认识到这些倾向与他们的成年人人格不相符，进而能对它们进行控制。正如之前讨论过的，该论点的根源是不正确的。我相信所有弗洛伊德认为的导致治疗方案失败的障碍——例如无意识内疚感的深度、自恋的不可获得性、生理驱力的不可变，等等，实际上都来自其治疗所基于的错误前提。

我的观点是：通过研究这种结果，病人的焦虑大大减少了，他们与自己、与他人的关系得到了明显的改善，他们已经可以摆脱神经症趋向，它们的发展是由儿童时期对这个世界的敌意以及不安的态度造成的。分析这种结果也就是分析实际神经症结构，可帮助个人对他人表现出不同程度的友善，而不是无区别地对所有人产生敌意。如果他们的焦虑在很大程度上被消除了，如果他们获得了内在力量和内在活力，他们就不再需要安全机制来保驾护航，即可根据他们自己的判断来应对生活中的各种难题。

建议病人从儿童时期寻找病因的也不总是分析师，病人自己常常也能自发地提供根源性资料。只要他们提供的资料与他们这种倾向的发展相关联，即可认为它是有建设性的。但如果他们只是无意识地利用这些资料随意而迅速地建立一种因果联系，那么这种倾向就是具有逃避性质的。实际上，他们希望借此托辞来回避他们现有的问题趋向。病人更倾向于不去认识此类倾向的不协调性或者回避他们为此付出的代价，这是可以理解的：即使在分析治疗过程中，他们的安全感和对满足感的期待都还仰赖于这些追求。他们更喜欢抱有一些依旧稀里糊涂的希望——比如说他们的驱力并不像看起来的那么迫切或不协调，他们的鱼和熊掌可以兼得，所以他们不需要改变任何事情。因此当分析师坚持研究实际病因时，他们就总有适当的理由来反抗拒绝。

当病人自己可以意识到，正是他们的努力把他们引向了死胡同时，我们最好对他们进行积极干预，并向病人指出，就算他们回忆起的童年经历与当下的趋向有所联系，他们也不能解释为什么这种趋向一直持续到今天；分析师应该向病人解释，通常先不要把好奇心放在因果联系上，而应该先研究这些特定趋向给他们的性格和生活带来了哪些影响。

我着重于分析实际性格结构并不代表儿童时期的相关资料就不重要，实际上，我先前描述的过程——一个中止人为再现的过程——甚至能引导我们更好地理解儿童时期的问题。根据我的经验，不管我是用老办法研究，还是用改进后的新思维研究，相对来说那些被完全遗忘的记忆是很难再追回的。而更常见的是，失真的记忆却能得到矫正，从而令那些不相干的事件联系在一起，并赋予其重要性。病人因此借助这种综合理解而逐渐获悉整个病因发生的特别过程，进而帮助他们恢复自己。此外，通过对自己的了解，他们变得更能体谅自己的父母或他们的记忆；他们理解到，父母当时也陷入了冲突，他们也无法控制自己不去进行伤害。更重要的是，当他们不再因为曾经受到过的伤害而痛苦万分时，或者至少获得了一个可以去克服该困难的方法时，那些原有的憎恨就会有所减轻。

在这一过程中，分析师运用的工具很大一部分是那些弗洛伊德已经教会我们使用的工具：自由联想和解释可以将无意识过程带入有意识状态中；通过对病人和分析师关系的详细研究，来认识病人与他人关系的本质。在这方面，我与弗洛伊德的不同之处基本在于两组因素。

　　一个是给定的解析。解析的特征依赖于那些我们认定为本质的因素。[1]我在本书中已经阐述过这方面的区别，在此仅点到为止。

　　另一组关注的因素不太确定，因此就更加难以定义。它们暗暗影响着分析师所采用的处理方法：他们是主动的还是被动的，他们对病人的态度，他们是否做出价值判断，他们对病人的哪些态度进行鼓励、哪些态度又不鼓励。有些观点我们已经讨论过，其他的观点在前面的章节也有所涉及。那些没有考虑到的问题在此简短概述一下。

　　根据弗洛伊德的观点，分析师应该扮演相对来说被动的角色。弗洛伊德建议分析师应该以"均匀悬浮注意"来听取病人的自由联想，避免有意地侧重某些细节，避免自己有意识地做出努力。[2]

　　当然，就连弗洛伊德也认为分析师不可能始终都处于被动状态，分析师通过做出解析来对病人的自由联想施加积极的影响。比如，当分析师试图对过往进行重现时，病人会暗暗受到影响从而追溯过往的记忆。同时，一旦发现病人固执地回避某种话题时，分析师就会进行积极干预。然而，弗洛伊德认为最好是让分析师由病人引导，当发现需要进行干预的时候，他们才应对病人提供的材料做出解析。在这个过程

---

[1] 参见费·B.卡普夫《动态关系治疗》，《社会工作技巧》（1937年）。

[2] "……他必须像接受器官一样使自己的无意识臣服于病人正在产生的无意识，就像电话听筒收录唱片的声音一样。正如听筒把声波引起的电子振动重新转换为声波，医生的无意识思想也能重构病人的无意识思想，而这种无意识思想将病人的联想从由联想产生的交流中引导出来。"［西格蒙德·弗洛伊德《就精神分析治疗法对医生的建议》，《论文集》第二卷（1924年）］

中，他们也会影响病人，这种效果尽管是我们想要的，却只能得到勉强的承认。

另一方面，我认为分析师应有意地去引导分析过程。但是，这种陈述就像弗洛伊德对被动的强调一样，需要有所保留，因为一般总是由病人通过自由联想展示内心中最重要的问题来引领治疗的整体方向。同时，根据我的想法，分析师应在相当长的时间里只做解析。解析可能会暗示很多事情：明确病人之前尚未意识到的问题，这些问题都比较复杂并经过伪装；指出现有的矛盾；基于已经获得的有关病人性格结构的认识，对病人的问题提出可行的解决方法。在治疗中这样安排时间，才是真正地指引病人走上获益的道路。但是，一旦我认为病人正往一条死胡同走去，我就会果断地积极干预并建议他们使用其他方法，尽管我还是会分析，为什么他们喜欢选择以特定的方式行进，也会向他们解释，为什么我倾向于让他们寻求另一种方向。

我们可以举个例子来说明：一位病人已经意识到，他总是强迫性地必须做到正确。他已经充分意识到了，并开始琢磨为什么这一点对他而言是如此重要。我会刻意向病人指出，直接寻求原因不会解决多少问题，而首先认识到这种态度给他带来的所有后果，并理解它所起到的作用才更有用。如果分析师采用这种方法，当然会冒更大的风险，负更多的责任。但是根据我的经验，分析师需要负的责任，做出错误建议而错失良机的风险，远远比不进行干预的风险要小得多。当我感到为病人提出的建议不那么肯定的时候，我会指出这只是尝试性的建议。如果我的建议还是没能切中要害，病人也会感到我正在寻找解决方式，这样一来就会激发病人主动积极配合，以便纠正或优化我的建议。

　　分析师不仅应该刻意地影响病人自由联想的方向，还应该着重影响那些最终帮助病人克服神经症的精神力量。病人必须完成的任务是最艰辛也是最痛苦的，这意味着，病人必须放弃或大幅度调整迄今为止占据主导地位的、为获得安全感和满足感而做出的努力追求。这意味着病人必须放弃对自己的错误幻觉，而在他眼中正是这些幻觉让他认为自己是举足轻重的。这意味着他将把自己与他人、与自己的所有关系都建立在另一个基础之上。是什么驱使病人去完成这项艰巨的任务呢？病人来找分析师看病是完全出于不同的动机和期待的，最常见的是他们希望能摆脱明显的神经症障碍。有时候他们希望能更好地处理特定的情况，有时候他们在成长的道路上举步维艰，希望能逃出这一死穴，很少人是冲着幸福快乐的心愿来的。这些动机的力量和建设性价值在每个病人身上的体现都不相同，但它们都有利于治疗。

　　但我们必须意识到，所有这些驱力并不是它们表面上看起来的那样。[1]

　　病人希望能按照他们自己的想法来达到治疗效果，他们希望能从痛苦中解脱出来，但又不会触及他们的人格结构。病人希望获得更高的效率，或者使他们的才能得到更好的发展，这些愿望几乎总是在很大程度上取决于他们对分析师的期望，期望他们能帮助自己很好地维护自身的完美和优越形象。尽管在所有的动机中，他们对快乐的要求本身是最有效的，但是也不能仅仅看到这种追求的表面价值，因为病人内

---

[1] 参见H. 南伯格《论治疗的期望》，《国际精神分析期刊》（1925年）。

心的快乐在暗地里要求实现所有相互冲突的神经症意愿。但在分析过程中，所有这些动机都被强化了。在一个非常成功的分析过程中，即使没有分析师的特别关注，这种情况也会发生。但由于它们的强化或者应该说它们的激活对治疗效果具有重要意义，分析师理应了解这是由什么因素导致的，并以此种方法来进行分析，就可促使这些因素发挥作用。

在分析中，病人强烈地希望能够摆脱痛苦，这会帮助病人增添力量，因为尽管病人的症状在减轻，他们还是会逐渐地意识到无形的痛苦有多少，以及他们的神经症所带来的障碍有多少。将所有神经症倾向带来的后果再一次向病人完备地阐述，可帮助他们认识到这些结果，并使他们对自己产生不满，而这种不满对他们来说是具有建设性的。

同时，他们渴望改进自己人格的愿望可被建立在更坚实的基础上，只要他们抛开虚伪的面具。例如，完美主义驱力可以被真实的愿望所取代——不管你的真实愿望是与特殊天赋相关，还是只是人类普遍的能力，比如亲善友爱的能力、努力工作并享受工作的能力。

最重要的是，对快乐的需求变得更加强烈。很多病人只知道那些受到他们焦虑限制的可获得的部分满足，他们从未体验过真正的快乐，或者说他们不敢跳出局限去寻求快乐。造成这种现象的原因之一是，神经症患者全身心地投入到了对安全感的追求之中，当他们能从挥之不去的焦虑、抑郁和偏头疼中摆脱出来，他们就已经感到满足了。同时，在很多情况下，他们还觉得必须在自己和他人眼里保持被曲解的"无私"形象；因此就算他们实际上以自我为中心，他们也不会表露出为自己考虑的愿望。或者说，可能他们对快乐期许就像对肆意洒落在自己身上的阳光一样，觉得不需要自己的积极贡献就可以无条件获得。比这些原因更为深刻的，也许是它们的终极原因，即个人一直都像一个不停胀大的气球、一个牵线木偶、一位成功的猎人、一个偷渡者，却从来不是他自己。看起来，快乐的前提是将重心放在个人自身内部。

在分析治疗中，有几种方式强化了对快乐的渴望。通过消除病人的焦虑，分析解放病人的能量和愿望，病人开始期待生活中更加积极的事物，而不再只是追求一种没有危险的安全。同时，它还揭开了因害怕和渴望荣誉而努力维系的"无私"的伪装。这部分关于表象的分析应该受到特别关注，因为正是因此，追求快乐的愿望才能被解放出来。此外，分析可帮助病人逐渐意识到，他们期待从外界获得快乐其实一直都是一条错误的路径，享受快乐其实是一种从内心获得的能力。如果我们仅仅告诉病人这些，只会收效甚微，因为他们知道这是一个经久不衰的不争的事实，还因为它是个没有现实基础的抽象的概念。它获得生活基础和现实感的途径，需要通过精神分析工具达成。例如，渴望通过爱情和陪伴而获得快乐的病人们，在精神分析中会意识到，对于他们来说，"爱情"只是无意识地象征着一种关系，在这种关系中，他们能从伴侣那里获得任何想要的东西，他们可以随心所欲地支配伴侣，当他们紧闭心门且只关心自己的时候，他们期待得到"无条件的爱"。通过意识到他们所持的这种需求的本质，以及意识到实现这些需求的不可能性，特别是意识到这些需求以及他们对挫败的反应所带来的一些后果，是如何真实地影响着他们的人际关系后，他们才能最终认识到，他们不需要对"从爱中获得幸福"感到绝望，只要他们能充分努力，想方设法地重新找到自己的内在活力，就可以获得爱了。最后，病人越能摆脱神经症倾向，就越能成为自然率真的自己，那么我们就能相信，他们一定能规划好自己对快乐的追求。

　　还有一种方法可以激发和强化病人对改变的渴望。尽管他们似乎对精神分析很熟悉，但他们还是会抱有一种误解，认为分析就意味着能够认识到自己身上特定的不愉快的东西，特别是那些隐藏于过去的，而且这种认识就好像有魔法一样，能令他们与世界和平相处。如果考虑到分析的目标是改变自己的人格，他们就会期待这种改变自动发生。我不应该从思考哲学问题的角度来看待这两者之间的关系，即对于不良趋向的洞察和改变这些趋向的意愿之间的关系。不管怎样，由于为人们所理解的主观原因，病人在不知不觉地对意识和改变两者进行区分。原则上他们也承认认识被抑制趋向的必要性——尽管细细说来，在这条路上他们每迈出一步都如同作战——但是他们拒绝承认改变的必要性。这一切对他来说都是毫无头绪的，当分析师对他们说明彻底改变的必要性时，他们也许会十分惊讶。

　　尽管一些分析师会向病人指出这种必要性，但另一些分析师则是在某种意义上与病人持相同的态度。我在督导同事分析治疗时发生的一件事情，也许能作为一个对该问题的说明。病人斥责我的同事想改造他，想要改变他，我的同事却反驳说，这不是他的意图，他只是想揭示病人的某些心理事实而已。我问这位同事，他是否能被自己的答案说服，他便承认，他的这个回答不是那么真实，但他觉得希望病人改变是不对的。

这个问题看似自相矛盾。每个分析师在听说病人因他的治疗而发生了巨大改变时都会感到骄傲，但他不会坚定地向病人承认或者表示，他是有意希望病人的人格会发生变化的。分析师更倾向于说，他们做到的或者希望做到的只是将无意识过程带入到意识中去，至于病人在更好地了解自己后会做出什么反应，那是病人自己的事情。这种矛盾是由理论原因造成的：首先，分析师被普遍认为是科学家，他们的任务就仅仅是去观察、收集和呈现这些资料，然后就是关于"自我"的有限功能的理论学说。"自我"最多会被赋予一个合成功能，[1]该功能自动运行，但它本身有着一种意志力量，因为所有的能量都被认为是来自本能。从理论上来说，分析师不相信我们能靠意志行事，因为如果我们想做成某件事，我们的判断会告诉我们什么是对的，或告诉我们理智的事情，因此分析师会刻意避免朝着积极的建设性方向去有意地动员病人的意志力。[2]

尽管如此，如果说弗洛伊德完全没有认识到病人的意志力在治疗中扮演的角色，那也是不正确的。当弗洛伊德主张以判断替代抑制，或用病人的智力推进工作进展时，这意味着利用病人的智力判断来激活他们想要改变的冲动，也间接地说明弗洛伊德认识到了这个问题。每一位分析师的确都依赖于这种在病人身上发挥作用的冲动。比如，当分析师能向

---

[1] 参见H.南伯格《自我的合成功能》，《国际精神分析期刊》（1930年）。

[2] 奥托·兰克在他的《意志疗法》（1936年）中，中肯地批评了对精神分析中这种能力的忽视。但是，意志力是太过形式化的一个原理，以至于无法形成治疗的理论基础。基本点在于：能量是从什么束缚当中释放的，释放的目的又是什么。

病人解释，其身上存在的类似于贪婪或者固执的幼儿期趋向及其有害意义时，他们其实是在激活病人克服该倾向的意志冲动。那么，问题就仅是：有意识并且刻意地去这样做是否要略胜一筹。

激活意志力的精神分析方法，是通过让病人充分意识到一定的联想或动机，从而促使他们自己做出判断和决定。这个结果的程度如何，取决于病人所获得的洞察深度几许。在精神分析文献中，在"纯"理性病识感和情绪化病识感之间存在区别。弗洛伊德明确地陈述道：理性病识感太微弱，无法促使病人做出任何决定。[1]诚然，当病人仅仅总结出早期经历，当他们能在情感上对其有所感觉，当病人仅仅谈到死亡愿望，以及当他们真切地体验着死亡意愿时，两者在价值上的确是存在差别的。但是，当这种区别带来好处时，却对理性的病识感来说有失公正，在此语境中，"理性"无意间就具备了"肤浅"的含义。

如果理性病识感能够提供充分的证据，那么它就能变成强大的发动机。我认为，病识感的品质是可以借助一个每一位分析师都曾经体验过的经历来说明的。一位病人有时会意识到自己身上的某种倾向，比如施虐倾向，还能真正地感受到它的存在，但是几周后，这对他来说又像是全新的发现一样。为什么会这样呢？这并不是缺乏情绪性品质。我们可以

---

[1] "如果病人要与分析中揭示的与抑制对抗的常规冲突做斗争，那么他需要强大的动力来促进他做出合理的决定，一个可以引导他康复的决定。否则，他也许会决定重复前面的问题，而那些已经整合进意识的因素会再次退回到抑制之中。这个冲突的决定性因素不是取决于他的理性洞察力——要取得这样的成就，它既不够强大也不够自由，而仅仅取决于他与医生的关系。"［西格蒙德·弗洛伊德《精神分析引论》（1920年）］。

说，这种对施虐倾向的病识感根本没有任何用处，因为它依旧是孤立的。为了将其整合起来，我们必须遵循以下步骤：理解施虐倾向隐藏于哪些伪装的表象之后，理解激发施虐倾向的环境以及它所导致的后果，比如焦虑、抑制、负疚感、与他人关系障碍，等等。只有当病识感达到了这样的范围和精度，我们才能让它促进病人调动所有的有效能量，进而下定决心来进行改造。

　　分析师通过激发病人进行改造的愿望而达成的效果，与医生通过告诉糖尿病病人为了康复必须遵循一些饮食习惯所达成的效果，在某种程度上是一样的。医生让病人知悉无节制饮食造成的后果，也让他认清自己的身体会变成什么样子，这样才能激发病人的能量。与之不同的是，分析师的任务相对来说更加困难，且没有可比性。内科医生能够精确地判断病人患病的原因，知道要治疗病人应该做什么和不应该做什么。但分析师和病人都不知道是哪些倾向导致了哪些障碍；两人除了要与病人的恐惧和敏感不断斗争之外，他们还必须在令人困惑的合理化脉络中、在似是而非的奇怪的情绪反应中蜿蜒前行，只是为了最终能够掌握一些联系，以照亮前行的路。

　　虽然下定决心去改变具有不可估量的价值，但这并不等同于有这样的能力来执行。为了让病人有能力放弃自己的神经症倾向，我们必须找到他们性格结构中导致神经症趋向的那些因素。因此，运用这些最新激活的能量这一精神分析法可以将我们导向更深层次的分析。

　　在治疗中，病人可能会自发地向前推进一步。比如，他们将对一些情况进行更准确的观察，观察那些激发施虐冲动的条件，并迫切地对它们进行分析。但是，其他那些仍然被迫去消除每一个不愉快的病人，他们会立即竭力去控制施虐冲动，然而一旦失败，他们就会十分失望。在这种情况下，我将会对病人解释，他们这种控制施虐倾向的行为并不能实现，因为他们的内心依旧感到脆弱、压抑，轻易就觉得被羞辱，只要他们还有这种想法，他们势必会感到自己必须复仇性地打败他人，因此如果想要攻克施虐倾向，病人就必须分析产生这种倾向的心理缘由。分析师越是认识到还有很多进一步的工作需要完成，他们就越能排解病人做无用功的失望感，就越能引导病人走向受益的方向。

弗洛伊德的观点是，道德问题或者价值判断都超出了精神分析的兴趣和能力范围。在治疗中，运用此观点就意味着分析师必须努力培养出容忍能力。这种态度与精神分析与自己是一门科学的说法相一致，同时它还反映了自由主义时代特定阶段的自由放任原则。实际上，避免价值判断，不敢对做出的判断承担责任，这也是现代崇尚自由主义的人普遍存在的特征之一。[1]分析师的冷静的宽容被视为不可或缺的条件，这样才能使病人意识到并最终表达受到抑制的冲动和反应。

那么在此条件下产生的第一个问题是，分析师是否能够做到这种宽容。分析师是否能像一面镜子一样，排除自我的价值观而仅仅做出客观的反应？我们在讨论神经症的文化意义时看到，这在现实中是无法实现的理想化概念。因为神经症牵涉到人类行为和人类动机等诸多问题，所以社会和传统

---

[1] 宽容在精神分析里的概念，其社会基础是由艾瑞克·弗洛姆提出的，载于《精神分析疗法的社会制约》，《社会研究期刊》（1935年）。

价值观在无形中就决定了如何解决这些问题，并引导着目标的走向。弗洛伊德自己并没有严格遵守他的理想，他让病人对他在某些问题上的地位深信不疑，比如说，当今社会流行的性欲道德价值观，或者他的"对他人真诚是一个非常有价值的目标"这一信念。实际上，当弗洛伊德把精神分析称为再教育时，他就开始跟自己的理想自相矛盾了，因为他屈从于一个幻觉——就算没有隐含的道德衡量标准和目标，教育也能成为可能。

因为分析师始终都持有价值判断——尽管他们可能并没有意识到这一点，所以他们的专业化包容是无法说服病人的；就算没有明显地陈述出来，病人也能察觉到分析师的真正态度。他们可以从分析师的表达方式中观察到，也可以从分析师将什么视为优良品质、什么视为不良品质中知觉到。比如，当分析师主张应该分析关于手淫的内疚感时，这意味着分析师并不认为手淫是一种"恶劣"的行为，因此它不应该促成内疚感的产生。当一位分析师称病人的倾向为"寄食"而不是"接受"时，这在暗地里就将分析师自己的判断传递给了病人。

因此宽容是理想化的，只能尽量达到但却不能完全实现。分析师越是小心他们的措辞，他们就越能做到更好。但是如果从避免价值判断的角度来说，宽容真的应该作为一个大家努力寻求的理想标准吗？这个回答归根结底还是跟个人哲学观和个人决定有关。我个人认为，回避价值判断这样的理想是不可能培养起来的，还不如直接摒弃的好。尽管我有无限的热忱去理解，那些迫使神经症患者发展并维护其道德伪装、寄生欲望和渴望权力的驱力等心理现象的内心必然性，但是我依然认为这些态度具有负面的价值，并干扰人们获得真正的快乐。我更愿意认为，正是因为我坚信这些态度是需要被克服的，我才有动机想去彻底地理解它们。

对于这些理想主义标准在治疗中的价值，我实在质疑它是否能达成对它的期待。[1]这种期待就是分析师的宽容将会缓解病人对责备的恐惧，从而让他们的想法和表述获得更多的自由。

尽管从表面上看，这种期待非常可行，但实际上它是无效的，因为它没有考虑病人对谴责感到的恐惧的真正本质。病人并不害怕自身令人厌恶的趋向会被认为是卑劣的，而是害怕因这种趋向而使其整个人格都受到斥责。他还害怕别人残忍无情地谴责自己，并且是在完全没有考虑造成这种趋向原因的情况下。此外，他既害怕别人责备他的各种特殊人格特征，又根本搞不清楚自己在害怕什么。他会预测自己所做的任何事情都会被厌恶，部分原因是他特别怕人，还有部分原因是他的价值系统不平衡，他不仅对自己真正的价值不了解，也不了解自己真正的不足。前者会通过他脑海中那些完美和独一无二的幻想而呈现出来，而后者则受到抑制。因此，他完全没有安全感，不知道自己将会因为什么而受到谴责。同时，他也不知道，于他而言什么是合理正当的愿望，他可不可以有批评的态度、能不能产生性幻想。反观这种现象，根据神经症病人的恐惧的特征，毫无疑问，分析师伪装出来的客观性不仅不能缓解病人的恐惧，相反还势必会加剧这种恐惧。当病人完全不能明确感受到分析师的态度时，而

---

[1]　参见艾瑞克·弗洛姆《精神分析疗法的社会制约》，《社会研究期刊》（1935年）。

且当他们偶尔感到不被认可但是分析师却不承认时，他们对潜在谴责的恐惧就会更加严重。

如果想消除这种恐惧，就必然要对其进行分析。可以缓解这种恐惧的是病人的认识——尽管分析师认为病人的某些品质不是那么优良，但并不会从整体上对他进行全盘谴责。相对于宽容来说，或者说相对于虚假的宽容，分析师至少应该表现出有建设性的友善态度，承认病人的某些不足之处，也钦慕病人的优秀品质和潜能。在治疗当中，这并不意味着只是拍拍病人的背给他们安慰，而是要心甘情愿地去欣赏病人任何好的品质，或者他们的倾向中一切美好而真实的因素，同时又要指出其可疑的方面。这是相当重要的，比如说，明确区分一位病人的优良批评能力及其对这种能力的破坏性使用方法，区分他的自尊和自大，区分他真诚的友谊——如果有的话，和他充满爱心和慷慨的伪装。

可能会有人反对，认为这些都不算什么，因为病人看分析师仅仅是通过在既定时间中他所产生的情绪这个透镜来审视的。但不要忘了，病人将分析师看成是危险的怪兽或超凡卓越的人，这仅仅是他的一方面。当然，这种感觉只是偶尔涌现并占据主导地位，而另一部分感觉总是存在的，尽管不总是那么明显，但它保存着对现实的清晰感受。在分析后期，病人可能会明显地意识到他们对分析师产生了两种感觉，比如他们会说"你喜欢我是肯定的，但我感觉你好像也憎恨我"。因此病人与分析师的熟识度十分重要，这不仅是因为它能缓解病人对受谴责的恐惧，还可以使其认识到自己的投射作用。

精神病学史表明，早在古埃及或古希腊时代，就有着两种精神病障碍的概念：一种是医药科学的，另一种是道德的。如果我们从宽泛的角度来看，道德概念通常比较盛行。这也是弗洛伊德及其同辈们的功劳，他们在医学概念上取得了如此伟大的成就——对于我来说，它将永不磨灭。

尽管如此，我们虽然已经认识到了精神疾病中的因与果，但也不能无视它所牵涉到的道德问题。神经症病人常常发展出特别优良的品质，比如说对他人受难的同情、理解他们的冲突、不理会传统标准、对美学观念和道德价值的敏感细致，同时他们还拥有某种怀疑性的价值体系。恐惧、敌意、虚弱感，这都是神经症过程的基础，而它们又因神经症而加强，这些情绪所导致的后果，使得病人无可避免地变得有些不真诚、虚伪、怯弱，以自我为中心。虽然他们没有意识到这些倾向，但这并不能阻止它们的存在，也不能使病人自己——这也是治疗师看重的问题——逃离痛苦。

我们现有的态度与在精神分析之前盛行的态度的区别，在于我们如今会从另外一个角度来看待这些问题。我们过去学会的是，神经症病人天生就比较懒散、虚伪、贪婪、自负，与其他人一样，他们童年时的不利因素迫使他们建立起一套精密的防御体系和满足感体系，这就导致了某种不利趋向的发展，因此我们不能认为他们应对所有这些趋向负责。换句话说，精神障碍的医学概念和道德概念之间的矛盾，并不像看上去的那么不可调和：道德问题是疾病不可拆分的一部分。因此，我们还应帮助病人将这些问题分门别类，这是我们医疗任务应该具备的一个功能。

在精神分析中，这些问题在神经症中实际扮演的角色不是十分清晰，这主要是由某些暗含在力比多理论和"超我"

概念中的理论假设所导致的。

通常，实际呈现出的道德问题都是关乎虚假道德，因为它们属于病人对自己眼中的完美形象和优越感的需求，因此，首要任务就是揭开伪装的道德并认识到它们对病人的真正作用是什么。

另一方面，病人急于隐藏的，是他们真正的道德问题。毫不夸张地说，他们对于道德问题的隐藏，要比隐藏其他事情迫切得多。完美主义表象和自恋表象之所以必不可少，是因为它们如屏风一样掩盖了这些真相。但病人必须能够清晰地看到这些问题的本质，否则他无法从这种痛苦的双重性中摆脱，也不能从焦虑和压抑中解脱出来。鉴于此，分析师应坦诚地对待道德问题，就像坦诚地对待性变态一样。病人只有勇敢地直面它们，才会有自己的立场。

弗洛伊德意识到，基本的神经症冲突最终必须由病人的决定来解决。那么，还是存在这样的问题：我们是否不应该刻意地去鼓励这一过程。很多病人在意识到某些问题后，发自内心地采取了自己的立场。比如有一位病人，当他认识到正是因为自己古怪的骄傲，才会有这么多不幸，他也许就会自发地称之为他的错误骄傲。但是，也有很多人由于过多地陷入冲突之中，以致无法做出这样的判断。在这种情况下，对做出决定的终极必要性给予适当的阐释就显得十分有用。比如说，如果病人连续一个小时都在描述对他人的倾慕，对那种不择手段获取成功的人的倾慕，却又会再花一个小时来表达自己的主张，说自己根本就不关心是否成功，他仅仅对自己的工作内容感兴趣。在这种情况下，分析师不仅要指出其中暗含的矛盾，也应该告诉病人，最终他还是要想清楚自已想要的到底是什么。但是，我不会赞成他所做出的任何草率、肤浅的决定；重点在于，要激励病人去分析究竟是哪些因素在两个方向驱使着他，而在每种情况下，他应获得什么，又该放弃什么。

如果分析师在治疗中想要采取这些态度，根本前提是他对病人必须是发自内心的友善，并且他们也已弄清自己的问题。如果说分析师自己还隐藏着某些伪装的东西，他们就必定也会帮助病人隐藏这些假象。分析师不仅要使自己的"说教式分析"宽泛而透彻，他们自己也要坚持不懈地进行自我分析。如果说分析师最主要的任务是解决病人的实际问题，那么分析师的自我分析，则是他们分析他人时更加不可或缺的前提条件。

下面我将思考所提出的新方法是否与分析的长度有关，我希望能以此对上述关于精神分析治疗的言论做一个总结。

一次分析的长度（和成功的几率）取决于各种因素的综合作用，比如说产生焦虑的程度、破坏性趋向的程度、病人活在幻想之中的程度、顺从的范围和深度，等等。为了形成对可能长度的初步估计，我们可以采用各种标准。在这种情况下，我最关注的是过去和现在可有效运用的能量总额、关于生活的积极而现实的愿望程度、上层建筑的强度。如果后面这些因素是有用的，那么在积极且直接地解决现实问题的过程中，它们就会提供很大的帮助。我想说的是，这类不需要经过系统分析便可获得帮助的人，其数量会比我们所预测的还要多。

至于慢性神经症，我已经从总体上说明了解决它所需要的工作程度和种类。没有深入分析到更多的细节，就不可能揭示出它的复杂程度。这种工作的总量和难度决定了其不能被快速完成，因此弗洛伊德反复强调的言论是对的：对神经症快速治疗的可能性与疾病的严重程度是成比例的。

有很多缩短流程的建议，比如说设定一个多少有些武断的节点来结束分析，或者间断地进行分析。尽管此类尝试有时能起到作用，但因为他们没有考虑到实际应该完成的工作量，所以这些尝试没有也不可能达到期待值。因此，我认为只有一种理智的方法可以缩短分析时间：避免浪费时间。

我相信要达成这个目的是没有什么捷径可走的。当我们询问技工，他们怎样才能快速检测出隐藏的机器故障，技工告诉我们，他们对机械的全方面认识使他们可以通过观察实际故障来得出结论，从而找到故障的根源，这样他们就不会在错误的方向上浪费时间。我们必须意识到，尽管我们过去几十年一直在研究，但相对一个熟知机械的技师来说，我们对于人类灵魂的知识还是知之甚少的，可能永远都不会这么精确。但是，我自身的分析经验，以及我指导分析的经验告诉我，我们对心理问题越是了解，得出解决办法需要花费的时间就越少。因此，我们有理由期待，随着我们认知的加强，我们将不仅能够拓宽精神分析所触及问题的范围，同时还会有能力在合理的时间内解决这些问题。

分析应该在何时结束呢？再次提出警告，如果仅仅依赖外显迹象或孤立标准，例如总体特征的消失、拥有享受性愉悦的能力、梦的结构的改变，等等，并把它们作为解决问题的捷径，一定是错误的。

这个问题从根本上再一次触及了个人生活哲学。我们的目标是否是拿出一个一劳永逸完美解决所有问题的成品？

如果我们认为这是可能的，那么我们是否也认为这是可取的呢？或者，我们是否把生命当成一种不到结束那一刻就不会停止，也不应该停止的进程呢？就像我在本书中阐述的，我认为神经症会通过僵化一个人的追求和反应而将他的发展完全束缚住，它使病人深陷于他自己无法解决的各种冲突中。因此，我认为分析治疗的目标不是让生活中的危险和冲突全无，而是使个人最终具备解决自我问题的能力。

但病人何时才有能力掌握自己的发展呢？这个问题与精神分析治疗的最终目标这一问题是相同的。据我的判断，将病人从焦虑中解放出来仅仅是迈向目标终点的一种手段，而真正的目标是，我们要帮助他去重新获得他的自发性，去找到一个衡量自己价值的标准，简而言之，鼓励他去成为他自己。